国网能源研究院有限公司
STATE GRID ENERGY RESEARCH INSTITUTE CO., LTD.

U0456999

2023
中国能效分析
与展望报告

国网能源研究院有限公司 编著

中国电力出版社
CHINA ELECTRIC POWER PRESS

图书在版编目（CIP）数据

中国能效分析与展望报告.2023/国网能源研究院有限公司编著.—北京：中国电力出版社，2024.3
ISBN 978-7-5198-6581-8

Ⅰ.①中… Ⅱ.①国… Ⅲ.①节能—研究报告—中国—2023 Ⅳ.①TK01

中国国家版本馆 CIP 数据核字（2024）第 025585 号

出版发行：中国电力出版社
地　　址：北京市东城区北京站西街 19 号（邮政编码 100005）
网　　址：http：//www.cepp.sgcc.com.cn
责任编辑：刘汝青（010-63412382）　娄雪芳
责任校对：黄　蓓　王海南
装帧设计：张俊霞　赵姗姗
责任印制：吴　迪

印　　刷：三河市万龙印装有限公司
版　　次：2024 年 3 月第一版
印　　次：2024 年 3 月北京第一次印刷
开　　本：787 毫米×1092 毫米　16 开本
印　　张：11.75
字　　数：164 千字
印　　数：0001—1500 册
定　　价：308.00 元

声　明

一、本报告著作权归国网能源研究院有限公司单独所有。如基于商业目的需要使用本报告中的信息（包括报告全部或部分内容），应经书面许可。

二、本报告中部分文字和数据采集于公开信息，相关权利为原著者所有，如对相关文献和信息的解读有不足、不妥或理解错误之处，敬请原著者随时指正。

序 言

经过一年来的艰辛探索和不懈努力，国网能源研究院有限公司（简称国网能源院）遵循智库本质规律，思想建院、理论强院，更加坚定地踏上建设世界一流高端智库的新征程。百年变局，复兴伟业，使能源安全成为须臾不可忽视的"国之大者"，能源智库需要给出思想进取的回应、理论进步的响应。因此，对已经形成的年度分析报告系列，谋划做出了一些创新的改变，力争让智库的价值贡献更有辨识度。

在 2023 年度分析报告的选题策划上，立足转型，把握大势，围绕碳达峰碳中和路径、新型能源体系、电力供需、电源发展、新能源发电、电力市场化改革等重点领域深化研究，围绕世界 500 强电力企业、能源电力企业数字化转型等特色领域深度解析。国网能源院以"真研究问题"的态度，努力"研究真问题"。我们的期望是真诚的，不求四平八稳地泛泛而谈，虽以一家之言，但求激发业界共同思考，在一些判断和结论上，一定有不成熟之处。对此，所有参与报告研究编写的研究者，没有对鲜明的看法做模糊圆滑的处理，我们对批评指正的期待同样是真诚的。

在我国能源发展面临严峻复杂内外部形势的关键时刻，国网能源院对"能源的饭碗必须端在自己手里"，充满刻骨铭心的忧患意识和前所未有的责任感，为中国能源事业当好思想先锋，是智库走出认知"舒适区"的勇敢担当。我们深知，"积力之所举，则无不胜也；众智之所为，则无不成也。"国网能源院愿与更多志同道合的有志之士，共同完成中国能源革命这份"国之大者"的答卷。

国网能源研究院有限公司

2023 年 12 月

前　言

从当前情况看，"十四五"前三年的能源消费年均增量是"十三五"的 1.8 倍，预计今后一个时期仍将维持刚性增长，统筹能源安全保障和绿色低碳转型的难度逐步加大。同时，国网能源院研究团队注意到，我国能耗强度是世界平均水平的 1.5 倍，六大高耗能行业能耗占比高达 75%，"十四五"单位 GDP 能耗降低指标进展滞后于预期。显然，后续电能替代潜力逐渐收窄，终端用能清洁转型难度加大，节能"硬措施"可选项在减少，而能效"软实力"凸显更大的实践价值。

《中国能效分析与展望报告 2023》是国网能源院研究团队首次推出的以"能效"为主题的研究报告，报告力争系统性梳理我国能效发展现状，并结合我国能源发展面临的新形势，有针对性地提出重点领域发展方向和用能策略。在研究方法上，将国内与国外结合、现状与趋势结合、宏观环境与微观实践结合，研究了能效关键因素的发展趋势和重点用能领域的能效提升关键环节，并基于模型测算了不同情景下的全社会和各领域能效潜力及对碳减排的贡献，具体分析了重点用能领域能效提升路径和潜力。为体现研究深度，报告另设立两个专题，分别为能效关键影响因素体系框架、典型国家能效提升经验启示。

从"节能"到"能效"主题的转变，对研究团队更是研究作风和研究观念的转变，研究团队努力使报告具有如下特点：一是系统性。本报告在构建能效影响因素体系的基础上，从工业、建筑、交通、农业多领域，生产、传输、利用多环节，近期、中期、远期多维度系统研究了能源效率的现状和发展情况。二是学术性。本报告构建了 4E‑SD 能效模型，考虑了能源效率全要素，对我国能源消费和能效潜力进行了预测和展望。三是参考性。本报告结合多方实践和研究成果，梳理了能源消费全环节和重点用能领域能效提升的案例和关键技术路线。

　　一如既往，研究团队在编写过程中虽然真诚请教于跨领域专家，力求博采众长，向关注和关心我们的读者奉献研究的精品，但"志大而才疏"又在所难免，唯有殚精竭虑、砥砺奋进，方不辜负智库责任、时代使命。

编著者

2023 年 12 月

目 录

序言
前言

概　　述

党的二十大报告明确指出，要完善能源消耗总量和强度调控，推动能源清洁低碳高效利用，推进工业、建筑、交通等领域清洁低碳转型，推动形成绿色低碳的生产方式和生活方式。具体落实到能效提升如何支撑我国高质量发展这个问题上，本报告提出了"3456"能效研究框架，即围绕节能、低碳、绿色3个核心目标，统筹利用和节约、开发和保护、整体和局部、短期和长期4项基本原则，抓好生产加工、工业制造、建筑住宅、交通运输、农业生产5类用能领域，锚定政策、技术、市场、标准、金融、管理6大关键要素，并以此框架展开对我国能效现状、发展趋势研判以及有效实践指导等系统分析。

（一）我国能效现状

（1）全社会单位 GDP 能耗持续下降但降幅放缓，终端化石能源消费占比持续下降。2021 年，我国单位 GDP 能耗为 0.478tce/万元（2020 年不变价），同比降低 2.7％，近十年累计降低 34.6％。终端化石能源消费占比逐年下降至 2021 年的 65.1％，终端电气化水平达到 27.0％，近十年提升了 7.7 个百分点。从国际对比看，我国新能源发电占比较低但终端电气化水平较高，说明目前我国用电仍主要来自化石能源发电。

（2）我国能源加工转换效率保持在 73％左右，发供电煤耗持续下降。我国能源加工转换总效率近十年来保持稳定，其中，炼焦、炼油效率较高，分别为 93％、95％左右；发电及供热效率较低但逐年提升，2021 年为 47.1％。全国 6000kW 及以上火电机组发电和供电煤耗均持续下降，2022 年分别为 283.7、300.7gce/（kW·h）。全国电力线路损失率持续下降，近年来下降较快，2022

1

年为 4.82%。

(3) 工业行业增加值能耗持续下降，部分产品单位综合能耗已达世界先进水平。2021 年，工业行业增加值能耗下降至 0.66tce/万元，近十年累计下降了 33.2%。其中，吨钢综合能耗和可比能耗分别为 551.36、485.77kgce/t，铝综合交流电耗为 13 488kW·h/t，铜冶炼综合能耗远低于世界先进水平，为 286kgce/t，水泥、平板玻璃等建材主要产品能耗小幅下降，乙烯单位综合能耗同比降低 2.2%。

(4) 建筑领域能源消费总量增速放缓，用能结构持续优化。我国北方供暖建筑能源消费小幅增长，单位面积能耗逐渐下降；城镇住宅能源消费和单位住户能耗均逐年上升；农村住宅能源消费和单位住户能耗趋于稳定；公共建筑能源消费和单位面积能耗均持续增长。我国建筑领域终端化石能源消费持续快速下降，电气化水平持快速提升至 2021 年的 51.0%。

(5) 交通行业增加值能耗稳步下降，各类运输方式单位周转量能耗保持下降态势。2021 年，交通运输行业增加值能耗下降至 0.97tce/万元，近十年累计下降了 30.0%。其中，公路、铁路、水运、民航单位运输周转量能耗分别为 454、40.7、39.9、4546kgce/（万 t·km），分别比上年下降 6.4%、3.8%、1.0%、2.2%。

(6) 农业行业增加值能耗缓慢下降，用能结构持续优化。2021 年，农业生产行业增加值能耗下降至 116kgce/万元。终端煤炭消费占比快速下降，电力消费占比逐步提升，达到 21.2%。

（二）我国能效提升重点举措

(1) 政策体系持续完善。随着我国碳达峰"1+N"政策体系的逐渐建立，节能与能效政策体系也不断完善，在《2030 年前碳达峰行动方案》《完善能源消费强度和总量双控制度方案》等能源发展总体规划的指引下，针对工业、建筑、交通、农业等终端用能领域和技术、数智化、标准、金融等能效关键影响因素均出台了《工业能效提升行动计划》《城乡建设领域碳达峰实施方案》《加快推进能源数字化智能化发展的若干意见》《财政支持做好碳达峰碳中和工作的意见》等专项支持政策。

（2）技术创新加速渗透。我国始终坚持创新在现代化建设全局中的核心地位，持续推进能源科技创新，能源技术水平不断提高，技术进步成为推动能源发展动力变革的基本力量。如工业领域大容量高参数高效超低排放发电技术、反循环气体钻井技术、水泥生料助磨剂技术、玻璃新型梯度复合保温技术，建筑领域基于 BIM 的智慧工地策划系统，交通领域智能充电、V2G 等前瞻性技术、氢燃料电池汽车等。

（3）能效标准逐步提升。标准提升是技术有效实施和深度应用的重要保障，如《高耗能行业重点领域能效标杆水平和基准水平》指出，自 2022 年 1 月 1 日起，依据能效标杆水平和基准水平，限期分批实施改造升级和淘汰，坚决遏制高耗能项目不合理用能，对于能效低于本行业基准水平且未能按期改造升级的项目限制用能。建筑领域的《建筑节能与可再生能源利用通用规范》（GB 55015－2021）、《民用建筑绿色设计标准（局部修订征求意见稿）》等标准也开始实施。

（4）管理能力持续加强。近年来，我国持续通过多能互补、用能方式优化等能效管理实现结构节能，如煤电节能降碳改造、灵活性改造、供热改造"三改联动"；大力推动油气上游绿色发展，实施生产用能清洁替代，实现勘探开发与新能源深度融合；加快推进大宗货物和中长距离运输的"公转铁""公转水"，大力发展多式联运，提升集装箱铁水联运和水水中转比例。

（5）价格机制不断成熟。基于不同行业用能特点，能源价格机制不断成熟，如《关于完善电解铝行业阶梯电价政策的通知》对电解铝行业阶梯电价政策进行了完善，按铝液综合交流电耗分档设置阶梯电价。

（6）金融体系有力保障。绿色金融是能效发展的重要支撑和保障，我国绿色信贷、绿色债券等绿色金融产品的市场规模和发行量均迅速增长。湖州市推出"零碳建筑贷""低碳提效贷""碳中和贷"等 20 余款产品，发行全省首单绿色建筑"碳中和"债券。青岛市先后与建设银行等 6 家金融机构达成战略合作意向，获得意向性绿色城市金融支持资金达 3500 亿元。

（三）我国能效趋势

（1）我国能效水平持续提升，实现碳中和须加速能效技术进步。到 2060 年，我国非化石能源消费占比将超过 80%。单位 GDP 能耗在"十四五"期间降幅为 13.5%，2030、2060 年分别比 2020 年降低 21.6%、70.3%。按照现有技术水平测算，能效提升对碳减排的贡献度约为 42%，较难实现碳中和，需进一步加快技术进步，将能效对碳排放的贡献度提升至 76% 左右。

（2）能源生产加工将实现以电为中心的多能互补技术形态。能源生产加工和转换将更加清洁化，电力将充分发挥能源资源配置平台作用，以电为中心，电、气、冷、热、氢等多能互补、灵活转换是能源系统发展演变的潮流趋势。"大云物移智链"等数字化技术为能源领域持续赋能，全国范围内能源资源协同互济能力显著提升，大力推进新能源供给消纳体系建设，加快构建新型电力系统和新型能源体系。

预计 2025、2030、2060 年，我国火电机组平均供电煤耗分别为 280、250、200gce/（kW·h），厂用电率分别为 4.3%、3.9%、3.1%，全国线路损失率预计分别为 5.5%、5%、4%。原煤开采及洗选综合能耗为 10.8、10.1、8.9kgce/t，炼焦总效率分别为 93.7%、94.6%、96.0%，炼油总效率将分别提升至 96.1%、96.5%、98.0%。

（3）工业领域将调整优化用能结构、实施节能改造、强化节能监督管理。黑色金属工业近期加强现有节能技术创新、推进钢铁企业兼并重组，中期有序发展电炉炼钢、推动高端制造与智能制造，远期技术创新取得重大突破、管理创新推动高质量发展。有色金属工业近期推广先进适用技术、完善节能降耗机制，中期推动生产方式向智能、柔性、精细化转变，远期推进高端化制造、研发新技术新材料。建筑材料工业近期低效产能退出、推动节能改造，中期重点技术突破、原料替代和固废利用，远期实现碳捕集利用、绿色制造体系。石油和化学工业近期着力于推动结构调整和转型升级，中期推进碳中和进程和打造低碳管理体系，远期构建新型绿色产业链条和零碳生产体系。

预计 2025、2030、2060 年，我国吨钢综合能耗将分别降至 537、511、359kgce/t，电解铝综合电耗将分别降至 12 950、12 820、12 270kW•h/t，水泥综合能耗将分别降至 112、108、98kgce/t，平板玻璃综合能耗将分别降至 11.2、10.8、8.5kgce/重量箱，乙烯单位产品综合能耗将分别降至 799、789、770kgce/t，烧碱单位产品综合能耗分别降至 817、795、720kgce/t。

（4）建筑领域将持续调整用能结构、深化节能技术、加强用能管理。近期主要强化被动式建造和节能改造标准，提升绿色建筑占比，加快太阳能和生物质能应用，完善供热管道等建筑基础设施用能管理。中期将重点推进公共建筑能效提升，加速提升建筑电气化水平，充分发挥热电联产效能，加强建筑用能设备数字化管理。远期将鼓励建筑参与要求响应，完善金融对清洁采暖的支持，建成智慧供热系统，发展零能耗建筑。

预计 2025、2030、2060 年，我国北方供暖能耗强度分别为 12、8、6kgce/m^2，城镇住宅建筑能耗强度分别为 800、770、640kgce/户，农村住宅建筑能耗强度分别为 1350、1220、1000kgce/户，公共建筑建筑能耗强度分别为 28、20、14kgce/m^2。

（5）交通领域将持续调整运输结构、加强节能降碳技术、提升现代化管理水平。近期主要提升铁路、水路运输比例，加强绿色交通运输能力，加强交通智能管理水平。中期将加速优化运输结构，加快交通运输电能替代，进一步提升交通领域智慧用能水平。远期将实现各类运输方式有效组合，交通运输电动化、智能化、低碳治理体系和治理能力现代化全面实现。

预计 2025、2030、2060 年，我国公路运输单位周转量能耗将分别下降至 320、310、264kgce/（万 t•km），铁路运输单位运输周转量能耗将分别下降至 37、34、24kgce/（万 t•km），水路运输单位周转量能耗将分别下降至 29、26、22kgce/（万 t•km），航空运输单位周转量能耗将分别下降至 4101、4094、

3960kgce/（万 t•km）。

（6）农业生产将大力推动绿色用能和数字化转型。近期构建现代农业产业园和优势特色产业集群。中期基于农业信息全景感知，建立数据传输存储机制，实现农业信息的多尺度统合。远期实现能源价值服务"高质效"，构建农村能源生态体系。

预计 2025、2030、2060 年，农业行业增加值能耗将分别降至 72、68、38kgce/万元，实现高标准农田、全电景区、农产品加工等配套电力设施投入。

（撰写人：张玉琢　审核人：吴鹏）

1

我国能效发展现状分析

1.1 全社会能效水平

1.1.1 能源消费情况❶

一次能源消费持续增长，非化石能源消费快速提升

随着我国经济持续快速发展，我国一次能源消费总量增长显著，2021年达到52.4亿tce标准煤，是2010年的1.5倍。一次能源消费增速整体呈"先逐步趋缓、后逐步加快"的特征，2010—2021年年均增速为3.5%，其中2015年增速最低，为1.3%。从用能结构看，原煤、原油占比逐年下降，分别从2010年的74%、19%下降到2021年的67%、7%；天然气、非化石能源占比逐年上升，分别从2010年的2%、5%上升到2021年的6%、20%。

图1-1 我国一次能源消费总量及增速

---

❶ 本节我国能源数据来源为《中国能源统计年鉴2022》，电力数据来源为中国电力企业联合会。国际对比中各国数据来源为国际能源署。

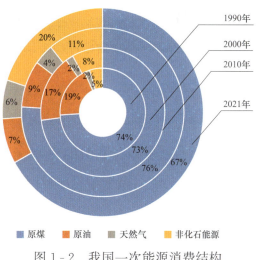

图 1-2　我国一次能源消费结构

人均能源消费近年来持续增长

我国人均能源消费量增长显著，2021 年达到 3724kgce，是 2010 年的 1.4 倍。从增速来看，人均能源消费增速整体呈"先逐步趋缓、后逐步加快"的特征，2010－2021 年年均增速 3.0％，其中 2015 年增速最低，为 0.8％。

图 1-3　我国人均能源消费总量及增速

9

我国能源消费总量远高于其他国家，人均能源消费相对较低

2021 年，我国能源消费总量居世界首位，分别是美国、欧盟、俄罗斯的 1.6、2.2、5.1 倍，中国、美国、欧盟一次能源消费合计约占全球的一半。我国人均能源消费量分别是美国、俄罗斯、欧盟的 1/3、2/5、4/5。近年来，发达国家人均能源消费整体呈下降趋势，俄罗斯有所反弹。

图 1-4　部分国家一次能源消费

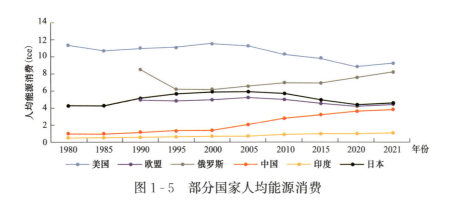

图 1-5　部分国家人均能源消费

1.1.2　终端能源消费

我国终端能源消费持续增长

2021 年，我国终端能源消费总量为 37.4 亿 tce，比 2010 年增长了 43.8%。

终端能源消费增速整体呈现先降后升特征，2010—2021年年均增速为3.0%。从用能结构看，终端化石能源消费持续下降，电气化水平持续提升，2021年达到27%，相较2012年提升了7.6个百分点。电能替代深入重点行业工艺环节、融入关键领域用能转型，带动重点行业和主要部门用能形态发生显著变化。

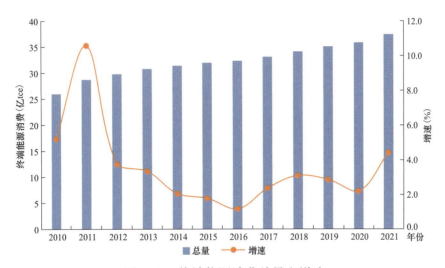

图1-6 终端能源消费总量和增速

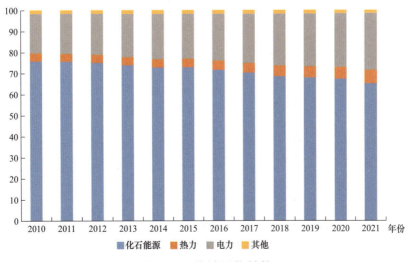

图1-7 终端用能结构

我国清洁用电水平与世界相比有一定差距

从国际能源署统计口径看，中国 2021 年发电用能占一次能源消费比重约 39.2%，超过世界平均水平 4.5 个百分点，比法国低 12 个百分点。新能源发电占比为 33.9%，低于世界平均水平 5.1 个百分点，与英国、德国、巴西存在较大差距。终端电气化水平高于世界平均水平 7.5 个百分点，仅次于日本。

图 1-8 2021 年新能源发电占比

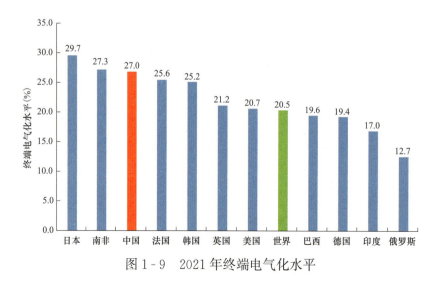

图 1-9 2021 年终端电气化水平

电气化水平总体上与油气资源富集程度呈负相关，英国、美国、俄罗斯等国家油气丰富，油气占终端能源消费比重较高，在一定程度上抑制了电气化水平的提升。目前我国清洁能源发电占比较低但终端电气化水平较高，说明目前我国用电仍主要来自传统能源发电。

1.1.3 能源效率

单位 GDP 能耗近年来持续下降但速度逐步放缓

随着我国经济社会发展绿色化、低碳化，我国单位 GDP 能耗下降显著，2021 年达到 0.48tce/万元，相较 2010 年下降了 40.7%。从增速来看，单位 GDP 能耗下降速度整体呈"先逐步加快、后逐步趋缓"的特征，"十二五""十三五"期间分别下降了 19.9%、13.2%。

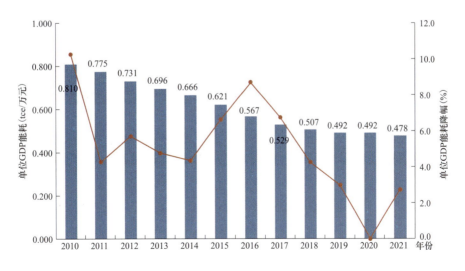

图 1-10 我国单位 GDP 能耗及降幅（2020 年不变价）

能源加工转换效率保持稳定，发电效率仍有提升空间

我国能源加工转换总效率近十年来稳定在 73% 左右，其中，炼焦、炼油效率较高，分别为 93%、95% 左右；发电及供热效率较低但逐年提升，2021 年为 47.1%。

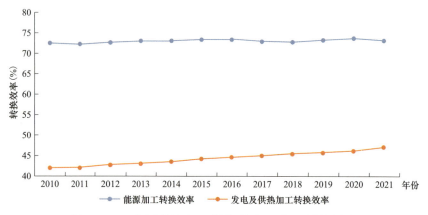

图 1-11　我国能源加工转换效率和发电供热效率

（本节撰写人：张煜、张玉琢　审核人：吴鹏）

1.2　能源生产、转换、传输环节

能源加工转换能源消费量波动小幅上涨，行业增加值能耗整体下降

能源加工转换环节能源消费量波动小幅上涨，2021 年达到 5.5 亿 tce，比 2012 年提高了 10%。煤炭消费占比逐年快速下降，石油消费占比持续缓慢下降，天然气消费占比持续缓慢提升，电力消费占比持续快速提升，2021 年达到 66.7%，比 2012 年提高了 18.5 个百分点。行业增加值能耗水平波动下降，2021 年下降至 0.96tce/万元，比 2010 年降低了 35.1%。

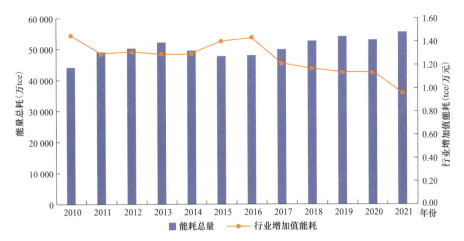

图 1-12　能源加工转换用能总量及行业产值能耗变化趋势

图 1-13　能源加工转换环节消费结构

1.2.1　电力生产与传输能效水平及措施

发电结构持续优化，电网输送能力持续增强

全国全口径发电量持续快速增长，2022 年为 88 487 亿 kW·h，比 2013 年提高了 64.7%；发电结构持续优化，火力发电仍占主导地位但占比持续下降，非化石能源发电占比持续提升，2022 年火电、风电、太阳能发电占比分别为 66.5%、8.6%、4.8%，较 2013 年分别降低 12.1、提高 6.0、提高 4.6 个百分

点。全国电网 220kV 及以上输电线路回路长度和变电设备容量均持续快速提升，截至 2022 年底分别为 87.6 万 km、51.3 亿 kV•A，分别比 2013 年提高了 61.3、85.2 个百分点。

图 1-14　全国全口径发电量及发电结构

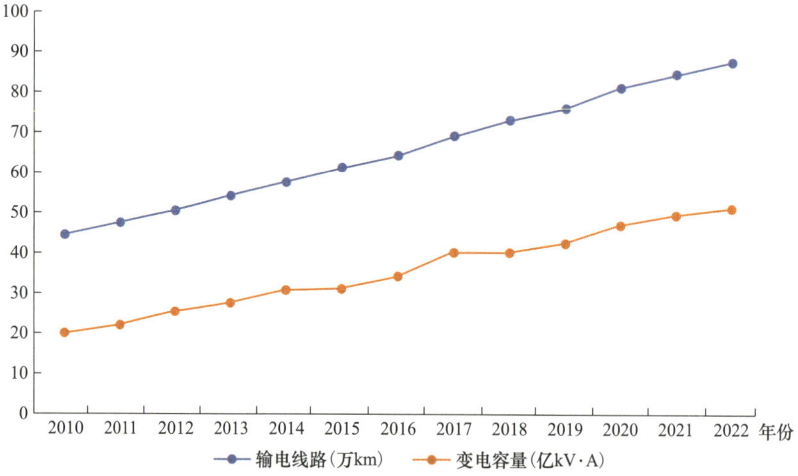

图 1-15　全国电网 220kV 及以上输电线路长度及变电容量

火电供电煤耗和电网线路损失率持续降低

全国 6000kW 及以上火电机组发电和供电煤耗均持续下降，2022 年分别为

283.7、300.7gce/（kW•h），比 2013 年分别下降了 6.3％、6.1％，64.7％。全国电力线路损失率持续下降，近年来下降较快，2022 年为 4.82％，比 2013 年降低了 2.2 个百分点。全国 6000kW 及以上电厂综合厂用电率波动下降，2022年为 4.49％，比 2013 年降低了 0.56 个百分点。

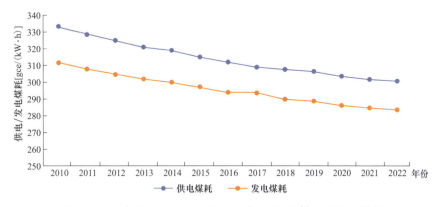

图 1-16　全国 6000kW 及以上火电机组供电/发电煤耗

图 1-17　全国电力线路损失率及 6000kW 及以上火电机组厂用电率

全面实施煤电机组改造升级，持续推进火电机组结构优化

煤电机组改造升级是提高电煤利用效率、减少电煤消耗、促进清洁能源消纳的重要手段。为全面促进电力行业清洁低碳转型，助力全国碳达峰、碳

中和目标如期实现，我国政府针对煤电机组升级改造出台了一系列政策措施。

2022年1月，国家发展改革委、能源局印发《"十四五"现代能源体系规划》，提出要大力推动煤电节能降碳改造、灵活性改造、供热改造"三改联动"，"十四五"期间节能改造规模不低于3.5亿kW；新增煤电机组全部按照超低排放标准建设、煤耗标准达到国际先进水平；有序淘汰煤电落后产能，"十四五"期间淘汰（含到期退役机组）3000万kW。2021年12月，国务院印发了《"十四五"节能减排综合工作方案》，提出：实施煤炭清洁高效利用工程，推进存量煤电机组节煤降耗改造、供热改造、灵活性改造"三改联动"，持续推动煤电机组超低排放改造。推广大型燃煤电厂热电联产改造，充分挖掘供热潜力，推动淘汰供热管网覆盖范围内的燃煤锅炉和散煤。加大落后燃煤小热电退出力度。在相关政策措施的推动下，火电机组能效提升效果明显。根据中电联《中国电力行业年度发展报告2023》中关于各容量等级火电机组能效对标数据显示[1]，2022年，100万千瓦级超超临界湿冷机组供电煤耗为280.5g/（kW·h），比上年降低0.5g/（kW·h）；100万千瓦级超超临界空冷机组供电煤耗为294.2g/（kW·h），比上年降低0.6g/（kW·h）；60万千瓦级超超临界空冷机组供电煤耗为297.6g/（kW·h），比上年降低2g/（kW·h）；30万千瓦级亚临界空冷机组供电煤耗为307.5g/（kW·h），比上年降低2.6g/（kW·h）；35万千瓦级超临界空冷机组供电煤耗为296.1g/（kW·h），比上年降低3.7g/（kW·h）。

创新出台促进新能源消纳的新机制和新模式，不断提升新能源消纳能力

为有效促进我国新能源消纳，我国政府出台了一系列政策，并采取了诸多措施。2022年5月，国家发展改革委、国家能源局发布《关于促进新时代新能源高质量发展的实施方案》，提出要全面提升电力系统调节能力和灵活性，深

入挖掘需求响应潜力，提高负荷侧对新能源的调节能力；发展分布式智能电网，提高配电网智能化水平，着力提升配电网接入分布式新能源的能力。2022年11月，国家能源局印发《关于积极推动新能源发电项目应并尽并、能并早并有关工作的通知》，提出电网企业在确保电网安全稳定、电力有序供应前提下，按照"应并尽并、能并早并"原则，对具备并网条件的风电、光伏发电项目，切实采取有效措施，保障及时并网，允许分批并网，不得将全容量建成作为新能源项目并网必要条件。

新能源消纳能力得到有效保障。根据全国新能源消纳监测预警中心公布数据，2022年，全国光伏平均利用率为98.3%，除了西藏、新疆、青海、宁夏4省外，其他省级区域弃光比例均在2.5%以下，其中15个省级区域消纳比例为100%。2022年全国风电平均利用率为96.8%，其中12个省级区域消纳比例为100%。

能效提升技术有新突破

一是大容量高参数高效超低排放发电技术有新突破。在超临界二氧化碳锅炉、透平、压缩机和换热器等方面取得技术突破，自主研发的世界参数最高、容量最大超临界二氧化碳循环发电试验机组投运，标志着我国在超临界二氧化碳循环发电技术领域处于国际领先水平。二是加快数字化转型，推进智慧电厂建设。2022年，电力行业以信息数字化技术创新应用为手段，驱动和支撑发展，不断提升全行业的能源利用效率。在发电工控系统"卡脖子"技术上实现重大突破，建成我国首个采用全国产控制和信息系统（DCS/DEH＋SIS）的大型智慧电厂。国内首个智慧核能综合利用示范工程国核一号投运，创新推动了核能与综合智慧能源跨界协同发展。在全流域水电运行信息监测、水库群多目标智能调度等方面取得创新成果，突破了大数据驱动的流域智能决策支持系统研发与集成关键技术。自主研发全国首台（套）700MW水电机组全国产计算机监控系统，实现在高水头、大容量水力发电领域核心监控系统的自主可控。三是支撑新型电力系统建设的相关电网关键核心技术攻关取得重要进展。全面掌握新型超导电缆设计、制造、建设的关键核心技术，建成世界首套超导能源管道样机并完成满功率测试，首次实现 20 米级微波无线电能传输；世界首条 35kV 公里级超导电缆示范工程在上海建成投运，标志着我国掌握了超导电缆工程化应用领域的核心技术。在电源侧大规模分布式调相机技术方面持续探索创新，取得重大突破。

1.2.2 煤炭开采与洗选能效水平及措施

> **煤炭开采与洗选业能源消费量波浪式下降，单位产量能耗持续下降**

煤炭开采与洗选业能源消费总量呈现波浪式下降的趋势，2021 年达到 9035 万 tce，比 2012 年下降了 40%。用能结构仍然以煤炭为绝对主体，其中，2021 年电力消费占比提升至 9.1%。单位产量能耗持续下降，至 2021 年下降至 21.9kgce/t，相比 2012 年降低了 42.8%。

图 1-18 煤炭开采与洗选业用能总量及单位产量能耗

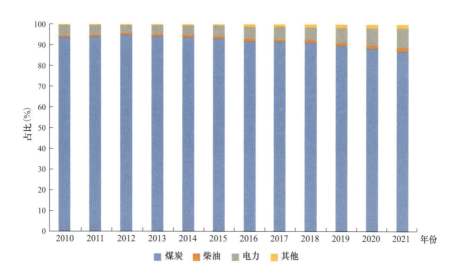

图 1-19　煤炭开采与洗选业能源消费结构

推广矿山安全先进适用技术装备，淘汰落后技术装备

2022 年 6 月国家矿山安全监察局关于印发《矿山安全先进适用技术装备推广与落后技术装备淘汰目录管理办法（试行）》，通过政策引导进一步加快矿山安全先进适用技术装备推广，淘汰严重危及矿山生产安全的落后技术装备，提升矿山安全生产水平。其中，矿山安全先进适用技术装备是指安全性能优良，智能化程度高或者实用性强的技术、工艺、材料、装备；落后技术装备是指安全性能差、可靠性低，严重危及矿山生产安全的技术、工艺、材料、装备。

开发新一代无人化智能开采控制系统并积极示范推广

新一代无人化智能开采控制系统采用三维地质建模、自主规划截割、设备

21

位姿检测、工业互联网等技术，构建以智能开采中心和大数据中心为核心的软硬件系统平台，实现采场多维感知、实时精准监测、智能自适应决策、多设备协同作业的智能化开采模式，应用工作面无人巡检、基于多模型对比的开采规划决策及智能控制方法等关键科学技术，可以有效地减少工作面作业人员数量、提高生产效率、实现综采工作面数字化、智能化的绿色高效开采，实现安全高效采煤，目前该系统已在国家首批智能化示范矿井建设中广泛推广使用。

持续突破钻锚一体化智能快掘成套装备技术

钻锚一体化智能快掘成套装备能够大幅提升了锚杆支护施工效率与智能化水平，优势显著。该技术有利于改变多年来我国煤矿巷道掘进速度慢，自动化、智能化水平低的现状，特别是针对掘进过程中锚杆支护工艺烦琐、巷道变形无法及时监测等问题，通过钻锚一体化锚杆自动支护、巷道表面喷涂护表、随掘变形动态监测等技术，将传统锚杆支护 6 道工序简化为 1 道工序，实现锚杆支护技术变革。

1.2.3 石油和天然气开采业能效水平及措施

石油和天然气开采业能源消费量持续波动，加工效率基本保持稳定

石油和天然气开采业能源消费总量持续波动，2021 年达到 4155 万 tce，比 2012 年提高了 6.6%。用能结构仍然以原油和天然气为主，其中，2021 年电力消费占比提升至 17.4%。炼油效率基本维持稳定，2021 年为 95.4%，相比 2012 年降低了 1.8%。

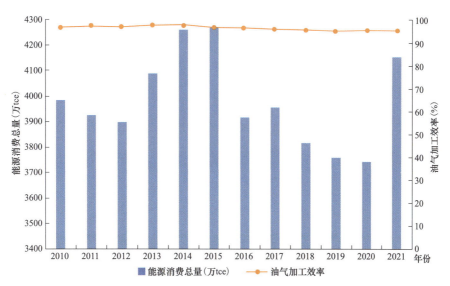

图 1-20　石油和天然气开采业用能总量及加工效率

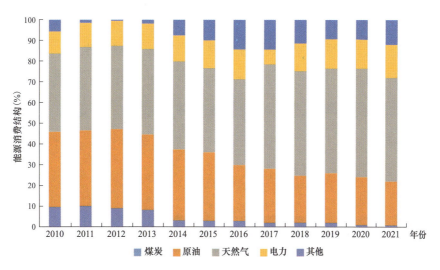

图 1-21　石油和天然气开采业能源消费结构

整合行业产业链优势，综合提升油气勘探开发效率

大力推动已探明油气资源高效利用，提高储量动用程度和采收率；大

23

力推动油气科技自主创新，全力突破油气勘探开发系列关键技术，优选应用效果突出案例示范推广；大力推动油气上游绿色发展，实施生产用能清洁替代，实现勘探开发与新能源深度融合；大力推动海洋油气勘探开发取得新的突破性进展，提高海洋油气资源探明程度；大力推动页岩油、页岩气成为战略接续领域，坚定非常规油气发展方向，加快非常规资源开发；充分发挥集中力量办大事的制度优势，形成各方面共同支持油气增储上产工作的强大合力。

大力推广数字油田技术，运用数字化手段提升油气开采效率

目前在数字化地球技术基础上，数字油田理论已有实践应用。该技术目的是开展信息化管理，涉及多个学科知识体系，工程规模比较大。在这一系统中，与油田有关的变量都会变成网络化操作，将地区空间坐标、油田操作场地作为重要内容，对其进行全方位的勘测和分析，进而开展石油生产。在实践中该技术有良好的应用效果，能够实现智能完井，针对性比较强。不过目前只能收集整理普通数据，无法处理详细内容，并且还会受到化学因素的影响，想要扩大应用范围还需进一步完善。

反循环气体钻井技术取得突破性进展，大幅提升钻井开采效率

反循环气体钻井技术是一项前瞻性技术，在破碎地层防卡、解决恶性井漏等方面具有优势，能够大幅缩减表层钻井周期和综合成本。该技术采用环空封隔器、反循环钻头等关键工具，能够实现全井干气体反循环钻井，并有效提升对井下复杂的适应性。但未来其广泛推广应用还需要克服井眼地层出水引起的空气锤锤头泥包、双壁钻具内管堵塞等难题，最终实现雾化钻井、纯气钻井条

件下对环空的动态封隔。

（本节撰写人：吴鹏、贾跃龙　审核人：张成龙）

1.3 工 业 领 域

工业能源消费量持续增长，行业增加值能耗稳步下降

工业领域能源消费量整体呈现逐步增长态势，2021 年达到 24.6 亿 tce，比 2012 年提高了 19.8％。煤炭消费占比最高但逐年下降，2021 年约占工业终端总能源消费的 43.2％，比 2012 年降低了 17.1 个百分点；其次为电力消费占比且逐年上升，2021 年约占业终端总能源消费的 14.7％，比 2012 年提高了 4.4 个百分点。行业增加值能耗水平稳步下降，2021 年下降至 0.66tce/万元，比 2012 年降低了 33.2％。

图 1 - 22　工业终端用能总量及行业产值能耗变化趋势

图 1-23 我国工业终端能源消费结构

1.3.1 黑色金属[1]工业能效水平及措施

黑色金属能源消费总量小幅增加，吨钢综合能耗整体呈下降趋势

黑色金属能源消费总量小幅波动增加，2021 年达到 6.9 亿 tce，比 2012 年提高了 9.5%。从用能结构上看，黑色金属工业用能以煤炭为主，高炉－转炉

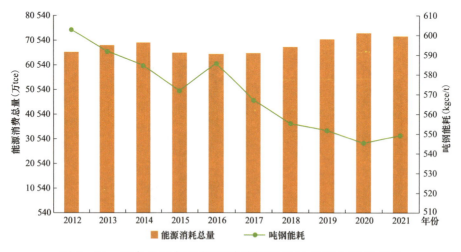

图 1-24 黑色金属行业能源消费情况及吨钢综合能耗变化

---

[1] 黑色金属包括铁、铬、锰及以它们为基所组成的合金，本报告主要指钢铁。

长流程工艺结构仍占主导地位，能源结构高碳化，煤、焦炭占能源投入近90%。吨钢综合能耗呈下降趋势，2021年为551.36kgce/t，较2012年下降8.9%。

★ 钢铁行业能效领跑者典型案例

江苏沙钢集团全面实施"节能减排低碳化"工程，率先将钢铁制造流程由"资源－产品－废物"的单向直线型转变为"资源－产品－再生资源"的圆周循环型。

公司引进并创新双辊薄带铸轧技术，与传统热连轧相比，单位燃耗减少95%，水耗减少80%，二氧化碳排放量降低75%；率先研发采用铁水一罐到底新工艺，减少高炉铁水送炼钢车间时因铁水倒包引起的热量损失，年节约20万tce；实施煤气、蒸汽、炉渣、焦化副产品、工业用水"五大循环回收利用工程"，年循环经济产生的效益占企业总效益的10%以上。

严控产能，合理控制产量

2015年，在中央供给侧结构性改革的决策部署下，钢铁行业去产能工作全面启动，企业经营效益明显好转、行业运行呈现良好态势、市场秩序持续改善。但是，钢铁去产能在取得明显成效的同时，部分地方和企业重燃钢铁项目建设冲动，巩固去产能成果面临着新的挑战。因此，一方面，要利用行政、财税等政策工具、对可能出现的市场供需失衡进行及时干预；另一方面要有效推动钢铁行业绿色低碳转型，在减碳中实现高质量发展。

优化生产工艺，提升电炉钢比重

目前，国际通用的炼钢方式主要是以高炉－转炉为代表的长工艺流程和以电炉冶炼为代表的短流程工艺。其中，高炉转炉工艺具有单炉产量大、吨钢成本低等优势，但由于生产过程需要消耗大量煤炭等能源，环境污染严重，电炉工艺具有调节灵活、清洁环保等优势，但成本较高。随着"双碳"进程的不断推进，《碳排放权交易管理办法（试行）》《钢铁行业产能置换实施办法》等政策不断完善，在环保成本的纳入下，电炉钢成本劣势将逐步缩小。

打通废钢利用堵点，鼓励循环经济发展

我国高品位铁矿石资源匮乏，对外依存度较高。废钢铁作为唯一可替代铁矿石的炼钢原材料，可以有效减少炼铁、炼钢环节的能源消费，对我国钢铁工业实现转型升级、促进节能减排、高质量发展有着十分重要的作用。随着电炉钢不断发展，对废钢的需求快速上升，废钢供需形势逐步偏紧，造成电炉钢成本上升。2021 年，国家有关部门制定了《再生钢铁原料》国家标准、发布了《"十四五"原材料工业发展规划》等政策文件，提出到 2025 年，我国废钢利用量要达到 3.2 亿 t 的发展目标。

提升能效标准，提高监管力度

2021 年，国家发展改革委等五部门联合发布《高耗能行业重点领域能效标

杆水平和基准水平（2021 年版）的通知》（简称《通知》），指出，自 2022 年 1 月 1 日起，依据能效标杆水平和基准水平，限期分批实施改造升级和淘汰，对需开展技术改造的项目，各地要明确改造升级和淘汰时限（一般不超过 3 年）以及年度改造淘汰计划，在规定时限内将能效改造升级到基准水平以上，力争达到能效标杆水平；对于不能按期改造完毕的项目进行淘汰。坚决遏制高耗能项目不合理用能，对于能效低于本行业基准水平且未能按期改造升级的项目，限制用能。

1.3.2 有色金属工业能效水平及措施

有色金属能源消费总量增加，电解铝能效持续提升

有色金属行业能源消费总量阶段性增长，2021 年达到 1.34 亿 tce，比 2012 年提高了 63.0%。从用能结构上看，以电能为主，2021 年电能消费占比约 67.8%，较 2012 年提升 11 个百分点。电解铝交流电耗❶呈下降趋势，2021 年为 13 151kW•h/t，较 2012 年下降 6.7%。

图 1-25　我国有色金属行业能源消费总量及电解铝交流电耗趋势图

---

❶　电解铝交流电耗为生产每吨铝液消耗的交流电量。

★**有色行业 2023 年能效领跑者典型案例**

广元市林丰铝电有限公司设计产能 25 万 t/年。2021 年生产优质原铝 25.8 万 t，铝液交流电耗 12 828.2kW·h/t，比能效标杆水平提升 1.32%。主要做法有：

（1）升级改造生产使用频率较大、依赖程度较高的设备。更换电解槽智能打壳气缸 1404 台、采用新型低氧化铝浓度控制操作系统、更换高效电机 218 台等，实现电耗降低 82kW·h/t。投运智能槽控机电解槽，相比原槽控机电解槽电耗下降 12kW·h/t。

（2）使用新型电解铝防氧化涂料和保护环，阳极单耗降低至 460kg/t，降低了阳极更换频率，减少了热量损失。

电解槽智能打壳气缸

完善绿色价格机制，充分发挥电价信号引导作用

用电成本在电解铝生产成本中占比超过 40%，电价政策对推动我国电解铝行业提升能源利用效率，力促电解铝行业提前实现碳达峰至关重要。2021 年 8 月 26 日，国家发展改革委印发《关于完善电解铝行业阶梯电价政策的通知》（发改价格〔2021〕1239 号），对电解铝行业阶梯电价政策进行了完善，按铝液综合交流电耗分档设置阶梯电价。相较 2013 年《关于电解铝企业用电实行阶梯电价政策的通知》（发改价格〔2013〕2530 号），此次电价政策调整建立健全分档标准分步调降机制、加价标准累进调增机制，有效强化了电价信号的引导作用，给了行业一个清晰的预期，有利于促进行业持续加大技改投入，不断提升能源利用效率、减少碳排放。

不断完善标准和指南体系，引领产业发展

2021 年 11 月 15 日，国家发展改革委等五部门印发了《关于发布〈高耗能行业重点领域能效标杆水平和基准水平（2021 年版）〉的通知》（发改产业〔2021〕1609 号），设定电解铝生产的铝液交流电耗基准水平为 13 350kW·h/t，标杆水平为 13 000kW·h/t，科学界定了电解铝重点领域能效标杆水平和基准水平。标准的出台为行业节能降碳政策制定提供了重要依据，并有助于企业了解自身存在的差距和改善的空间，以此引领行业节能降碳。

2022 年 2 月 11 日，国家发展改革委、工业和信息化部、生态环境部、国家能源局发布《高耗能行业重点领域节能降碳改造升级实施指南（2022 年版）》就科学做好重点领域节能降碳技术改造升级提出明确要求，明确了有色行业重点领域技术改造的实施路径，提出"到 2025 年，通过实施节能降碳技术改造，铜、铝、铅、锌等重点产品能效水平进一步提升。电解铝能效标杆水平以上产能比例达到 30%，铜、铅、锌冶炼能效标杆水平以上产能比例达到 50%，4 个行业能效基准水平以下产能基本清零，各行业节能降碳效果显著，绿色低碳发展能力大幅提高"的发展目标。

推进数字化转型，实现智能降碳

2021 年 11 月 30 日，工业和信息化部正式发布《"十四五"信息化和工业化深度融合发展规划》提出推进有色行业领域数字化转型。2022 年 11 月 15

日，工业和信息化部、国家发展改革委与生态环境部联合印发《有色金属行业碳达峰实施方案》指出要加快产业数字化转型，统筹推进重点领域智能矿山和智能工厂建设，建立具有工艺流程优化、动态排产、能耗管理、质量优化等功能的智能生产系统，构建全产业链智能制造体系。

优化能源结构，完善铝产业布局

铝电解过程中的电力消耗是造成碳排放最主要的原因，大力发展非化石能源是推动行业低碳转型的重要举措。随着碳排放指标的严格控制，发展水电等清洁能源代替火电的使用，水电铝碳排放量比火电铝减少 86％。我国电解铝产业布局正在经历"北铝南移，东铝西移"的过程。电解铝产能逐渐从以新疆、山东为主的火电区域向以云南为主的水电区域转移，实现用电向低碳能源转型、产能向低碳能源区域转移的变化。

发展循环经济，提升可再生金属占比

有色金属具有良好的循环再生利用性能，与原生金属相比，再生铜、铝、铅、锌的综合能耗分别只是原生金属的 18％、45％、27％和 38％。与生产等量的原生金属相比，每吨再生铜、铝、铅、锌分别节能 1054、3443、659、950kgce。根据再生金属行业协会测算，当前有色金属报废高峰期已至，国内再生铜铝原料的资源保有量分别约 1.4 亿 t 和 3 亿 t，高载能再生金属对原生金属的替代将释放出巨大的减碳、降碳潜力。近 5 年，我国再生有色金属产量占全国有色金属总产量比例保持在 25％左右；2021 年我国再生铜铝铅锌产量合计 1572 万 t，同比增长 8.41％，增幅创近 4 年新高；与原生金属生产相比，2021 年我国再生有色金属产业相当于节能 3317 万 tce，降碳量大于 1 亿 t。

1.3.3 建筑材料工业能效水平及措施

建材行业能源消费总量小幅增加，水泥能效提升较快

建材行业能源消费总量进入平台期，2021年达到3.0亿tce，较2012年增长25%、较2013年高点下降3%。从用能结构上看，建材行业以煤炭为主但呈下降趋势，2021年煤炭消费量占行业终端能源消费总量的56.1%，比2012年下降15.1个百分点，天然气、电力消费占比分别比2012年提升8.5、2.0个百分点。从主要产品看，水泥产品能效提升明显，2021年单位产品综合能耗约为115kgce/t，较2012年下降11%。

图1-26　我国建材行业能源消费量及水泥单位产品综合能耗变化趋势

★水泥行业能效领跑者典型案例

华新水泥（黄石）有限公司2021年生产熟料368.26万t、水泥241.87万t，熟料单位产品综合能耗为86.76kgce/t，比能效标杆水平提升13.24%。主要做法有：

使用高效箅冷机、窑头燃烧器。熟料冷却采用第四代箅冷机，热回收效率达80%，提高了入窑二次风温及三次风温。窑头采用进口多通道低氮燃烧器，一次风用风率低至 10%，提高了入窑二次风温。

应用先进的华新智能先进控制系统。基于阿里云工业大脑 AICS 平台开发 HIAC 窑、磨智能先进控制系统，根据各个控制回路的特性，分别使用模型预测、专家系统、模糊控制、AI 预测等技术进行优化。

协同处置生活垃圾。2021 年协同处置 RDF 燃料 44 万 t，折标准煤 9.17 万 t，减排 23.85 万 t 二氧化碳。

推动水泥生料助磨剂技术

将助磨剂按掺量 0.12～0.15 比例添加在水泥生料中，改善生料易磨性和易烧性，在水泥生料的粉磨、分解和烧成中可以实现助磨节电、提高磨窑产量、降低煤耗、降低排放、改善熟料品质等作用。适用于新型干法水泥窑生料粉磨、分解和烧成工序节能技术改造，综合电耗降低 1.5kW·h/t 熟料，标准煤耗降低 3kg 以上。

推动玻璃新型梯度复合保温技术

针对玻璃窑炉不同部位，通过热工模拟计算及工况试验，根据热量从窑内向窑外梯度散失特点，将各部位保温层划分为不同温度段。对各温度段开发耐温性能好、保温性能强、材料耐久性强、高温线收缩低的保温新材料；再开发利用纤维喷涂，确保保温层不开裂、不收缩；形成保温性能优异、密封性好、耐久性强的新型保温技术，将玻璃熔窑向外界散失热量控制在窑内，降低热量损耗，节约燃料使用量。适用于玻璃熔窑节能技术改造，节能率不低于6%。

1.3.4 石油和化学工业能效水平及措施

> **石化行业能源消费总量持续增长，烧碱能效提升最快**

石油和化学行业能源消费总量持续增长，2021年约6.8万tce，比2012年提高64.2%。从用能结构看，石油消费占比最高，2021年约为39.7%。从主要产品看，乙烯、烧碱单位产品综合能耗分别为820、850kgce/t，分别较2012年下降8.2%、13.8%。

图1-27 我国石油和化学工业能源消费量及主要产品综合能耗

★**烧碱行业能效领跑者典型案例**

万华化学（宁波）氯碱有限公司2021年生产烧碱60.7万t，单位产品综合能耗为289.19kgce/t，比能效标杆水平提升8.19%。主要做法有：

应用先进APC控制技术。其中一套电解槽应用先进APC控制技术提高蒸发和液氯汽化装置自动化水平，提高产能和最终产品收率，年节约 100tce。

实施电机节能技术改造。持续开展节能电机改造，2021 年共改造节能电机约 37 台，年节电 10 万 kW·h。

（资料来源：国家工业和信息化部网站）

依托政策推动行业节能

随着"双碳"行动方案及行业能效政策陆续推出，行业节能推进路径与目标得到明确。2021 年 10 月，国家发展改革委等五部委针对石化化工领域专门发布《石化化工重点行业严格能效约束推动节能降碳行动方案（2021—2025 年）》，提出到 2025 年，炼油、乙烯、合成氨、电石行业达到标杆水平的产能比例超过 30%，行业整体能效水平明显提升，碳排放强度明显下降。

优化调整产业结构

当前，行业仍面临着结构性产能过剩，因此，持续优化调整产业结构，加快产能淘旧换新，推动行业高端化、绿色化、智能化发展是重要举措。2022 年

4 月，工业和信息化部等六部门联合印发《关于"十四五"推动石化化工行业高质量发展的指导意见》，提出，大宗化工产品生产集中度进一步提高，产能利用率达到 80％以上，乙烯当量保障水平大幅提升，化工新材料保障水平达到 75％以上。

强化节能创新和管理

流程创新是行业技术创新关键，新一代清洁高效可循环生产工艺、节能减碳及二氧化碳循环利用技术、化石能源清洁开发转化与利用技术等是主要突破点。完善节能管理体系主要是基于数字化赋能，提升企业智能化管理水平。据中国石油和化工联合会统计，"十三五"期间石化行业两化融合由单项应用向协同集成迈进的步伐加快，全行业两化融合贯标的企业数量超过 1800 家，27 家企业入选国家智能制造试点示范，50 多家化工园区正在开展智慧化创建，其中 12 家列入试点示范园区。

（本节撰写人：段金辉、刘小聪、吴陈锐、许传龙　审核人：吴鹏）

1.4　建　筑　领　域

建筑能源消费总量增速放缓，电气化水平持续提升

建筑领域能源消费总量持续增长并且增速逐渐放缓，2021 年达到 11.1 亿 tce，比 2012 年提高了 42.3％。用能结构持续优化，化石能源占比不断下降，电气化水平逐步提升，2021 年电力消费占比提升至 51.0％。建筑面积平稳增长，2021 年建筑面积已经达到 677 亿 m^2，比 2012 年增长 19.2％。

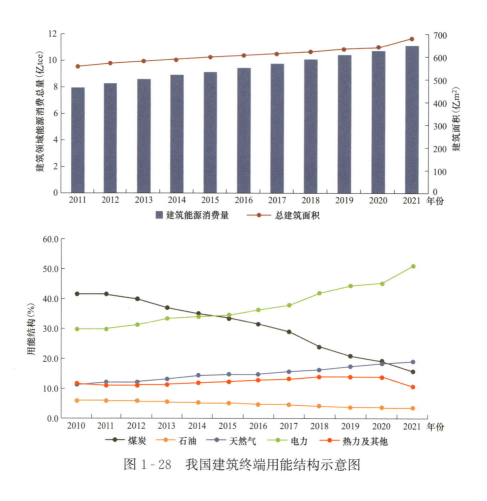

图 1-28　我国建筑终端用能结构示意图

1.4.1　北方供暖建筑能效水平

北方供暖建筑能源消费小幅增长，能耗强度逐渐下降

北方供暖建筑能源消费总量呈先小幅增长后下降的趋势，2021 年降至 2 亿 tce，与 2012 年水平相当。能源消费强度逐年下降，从 2012 年的 19kgce/m² 下降到 2021 年的 13kgce/m²，降幅为 31%。能效提升主要得益于北方地区清洁取暖工程的实施，如煤改电、煤改气、多能互补等建筑用能节能改造，以及推动能源清洁高效利用，目前清洁取暖率已超过 75%。

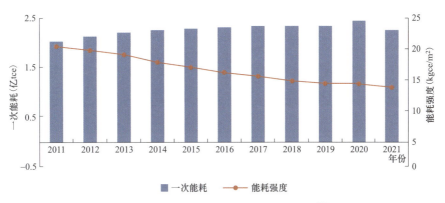

图 1-29 我国北方供暖能耗趋势[2]

★清洁供暖案例

国家电网公司认真贯彻落实党中央、国务院关于清洁取暖的工作部署，在京津冀及周边、汾渭平原、新疆等重点区域科学推进"煤改电"清洁取暖，在 2021—2022 年取暖季，确保了 1500 万"煤改电"用户寒潮期间温暖度冬。

1.4.2 城镇住宅能效水平

城镇住宅能源消费总量和能耗强度均逐年上升

城镇住宅能源消费总量持续增长，2021 年达到 2.8 亿 tce，比 2012 提高了 64.7%。能源消费强度逐年小幅增长，从 2012 年的 700kgce/户增长到 2021 年的 790kgce/户，增幅为 12.9％。城镇建筑通过节能改造及推广绿色建筑等措施提高能效，新建绿色建筑面积占比由 2015 年的 77％提升至 2021 年的 91.2％，全国累计建成绿色建筑面积超过 100 亿 m²，节能建筑占城镇民用建筑面积比例超过 65％，城镇完成既有居住建筑节能改造面积超过 15 亿 m²。

图 1-30　我国城镇住宅能耗趋势[2]

★广东佛山丹青苑智慧能源示范社区案例

2022 年，首座氢能进万家智慧能源示范社区项目——丹青苑社区在南海正式投运，标志着佛山率先引入氢燃料电池为社区供能。该项目建筑面积超 10 万 m²，基于分布式燃料电池热电联产系统以实现多能互补微电网，推广可再生能源互联互通智慧能源城市工程，为国家"碳中和"社区建设提供探索实施路径。实现能源自给和二氧化碳零排放，把普通的居民社区建设成一个拥有风、光、电、气多种能源互补系统的智慧能源社区。

1.4.3 农村住宅能效水平

农村住宅能源消费能耗总量和能耗强度趋于稳定

农村住宅一次能源消费保持在 2.3 亿 tce 左右，商品能耗强度保持在 1200kgce/ 户左右。伴随生活水平提升，农民的能源消费水平也会逐步与城市居民趋同，农村地区的能源消费水平与城市的差距正在逐步缩小。家庭主要消费能源开始变得多样化，同时辅助性消费能源消费增加，薪柴等非商品能源被电气等清洁能源替代。

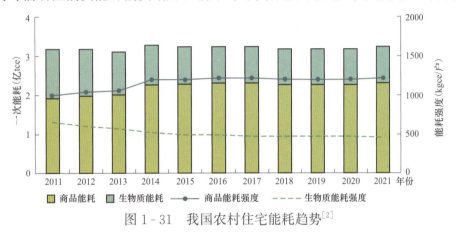

图 1-31　我国农村住宅能耗趋势[2]

★江苏苏州民宿近零能耗项目案例

国网昆山市供电公司以建筑节能减排、实现住宅产业可持续发展为目标，提出了以"周庄"命名的零能耗建筑项目。该建筑基本不消耗常规能源，而是依靠太阳能或其他可再生能源维持正常运转需要。该零能耗建筑同时也契合年代秀的设计主题，以 2035 年的未来设计作为蓝图，旨在展现未来综合能源管理的"全电式""零能耗""智能化"乡村建筑典范样板。

1.4.4 公共建筑能效水平

公共建筑能源消费总量和能耗强度均持续增长

公共建筑能源消费总量持续增长，2021 年达到 3.9 亿 tce，比 2012 年提高了 89.7%，占建筑总能耗的 35%，其中，电力消费为 1.17 万亿 kW·h。能源消费强度逐年小幅增长，从 2012 年的 22kgce/m² 增长到 2021 年的 24kgce/m²，增幅为 9.1%。公共建筑能效提升主要通过优化建筑围护结构、暖通空调系统、电气照明系统以及给排水系统，提高公共建筑能源利用效率或降低能源消耗量。

图 1-32 我国公共建筑能耗趋势

★昌平区未来科学城第二中学建设工程案例

钢框架装配式结构＋被动式超低能耗建筑，旨在打造北京市超低能耗建筑示范项目。

1.4.5 建筑领域能效措施

推广高效节能用能产品设备

家用电器用电量约占全社会用电量的 11％左右，高达 30％的居民碳排放来自家用电器。家电占住宅总能耗的 20％以上。家电行业市场正在趋于智能化高端化、节能方向发展，高能效低能耗的绿色家电产品销售占比持续提升。2020年 1 月，家用空调新版能效国家标准 GB 21455－2019《房间空气调节器能效限定值及能效等级》正式发布。中国标准化研究院研究员成建宏表示，新标准实施后，到 2022 年能效将提升 30％。目前我国家电保有量已超 21 亿台，以旧换新可加速家电产业绿色发展。根据北京环境交易所测算显示，以旧换新 1 台大家电，能减少 9763g 碳排放。2021 年，国家发展改革委等部门联合印发了《关于鼓励家电生产企业开展回收目标责任制行动的通知》，畅通家电生产流通消费和回收利用，进一步促进了绿色智能家电消费。商务部办公厅发布《关于做好 2021 年绿色商场创建工作的通知》。其中提到，要通过开展家电家具以旧换新等活动，扩大节能家电及绿色产品销售，促进绿色消费。国家层面对电冰箱、空调器、洗衣机、电视机、手机等家电产品开展绿色产品认证，获得绿色认证的产品就意味着在全生命周期内具有资源能源消耗少、污染物排放低、易回收处理和再利用。高效照明已经普及，我国 LED 照明行业的快速发展，2021年我国 LED 照明产品渗透率达 80％，较上年增长 2％。

推广装配式建筑

装配式建筑的施工进度会比传统的施工方式快近 30％。装配式建筑把大部分工作量转移至工厂的车间内部，既减少了现场施工量，又可以减少施工作业面造成的粉尘、噪声等污染。预制构件的使用会减少现场建筑垃圾以及建筑污水的产生，降低施工所需电力消耗量。装配式建筑在装修方面更加可以做到节能低碳，基础地面的装修会减少七成的碳排放，外墙保温层以及外立面装饰层的寿命会大大增加，提升了建筑物的保温隔热效能，维护成本低，提高了能源的利用效率。

持续推进既有建筑节能改造

我国稳步推进北方采暖地区和夏热冬冷地区既有居住建筑节能改造。截至2021年底，累计完成改造规模超过 16 亿 m^2。住建部会同财政部、银保监会，先后启动三批 32 个公共建筑能效提升重点城市建设工作，大力推广合同能源管理，初步形成了市场机制为主、政府引导为辅的公共建筑节能改造模式。通过重点突破、全面带动的方式，全国累计实施公共建筑节能改造面积 2.95 亿 m^2，每年可节约标准煤 115 万 t，实现碳减排 230 万 t。北方地区居住建筑节能标准从 2012 年的 50% 提高到 75%。到 2021 年底，城镇节能建筑达到了 277 亿 m^2。从监测的结果看，经过节能改造的居住建筑，冬季的室内温度能提升 3～5℃，夏季能够降低 2～3℃，提升了居民居住的舒适度。

可再生能源进一步扩大应用面

因地制宜地推广地源热泵、太阳能光热、太阳能光伏、生物质能等可再生能源建筑应用技术，合理推动风能等其他类型可再生能源应用。积极拓宽可再生能源利用方式，推进老旧小区改造中可再生能源应用。引导建筑供暖、生活热水、柔性用电于一体的"光储直柔"建筑，实现太阳能光伏发电就地生产、就地消纳、余电上网。2020 年《建筑光伏组件》和《户用光伏发电系统》发布奠定了光伏建筑一体化发展基本规范。2021 年随着各地开始落地推进光伏建筑，国家能源局进一步明确"5432"光伏建筑整县推进方案。《建筑节能与可再生能源利用通用规范》，明确要求自 2022 年 4 月 1 日起新建建筑应安装太阳能系统，促进可再生能源在建筑上的规模化高效应用。截至 2021 年底，我国建筑太阳能光热应用面积达到 50.66 亿 m^2，太阳能光伏装机容量达到 1.82 万 MW，浅层地热能应用建筑面积约 4.67 亿 m^2，城镇建筑可再生能源替代率达到 6%，有效减少了碳排放。

持续推动绿色建筑发展

绿色建筑要求在建筑的全生命周期内，最大限度地节约资源（节能、节地、节水、节材）、保护环境和减少污染。这意味着，节能必须贯穿材料生产、建设施工、运行维护等各个环节。2019 版的《绿色建筑评价标准》重构了安全耐久、健康舒适、生活便利、资源节约、环境宜居五大评价指标体系。住建部发布《绿色建筑标识管理办法》和《关于做好三星级绿色建筑标识申报工作的通知》，并开发"绿色建筑标识管理信息系统"。实施绿色建筑统一标识制度，完善绿色建筑标识申报、审查、公示和监督管理制度，规范绿色建筑标识管理，保障绿色建筑标识项目质量。我国已经建立全球最大的绿色建筑实时在线运行性能数据库。建设完成 532 项绿色建筑示范工程，能耗比现行标准约束值低 30%；绿色施工示范实现固体废弃物减排 70%，建设工期缩短 50%。目前我国累计建成的绿色建筑面积已达 85 亿 m^2。全国新建绿色建筑面积已经从 2012 年的 400 万 m^2 增长到 2021 年的超过 20 亿 m^2，2021 年城镇当年新建绿色建筑面积占比达到了 84%，获得绿色建筑标识项目累计达到了 2.5 万个。按照《城乡建设领域碳达峰实施方案》的计划，到 2025 年，城镇新建建筑全面执行绿色建筑标准，星级绿色建筑占比达到 30% 以上，新建政府投资公益性公共建筑和大型公共建筑全部达到一星级以上。新建公共建筑本体达到 78% 节能要求。

推广超低能耗建筑

超低能耗建筑主要技术特征为：保温隔热性能更高的非透明围护结构，保温隔热性能和气密性能更高的外窗，无热桥的设计与施工，建筑整体的高气密性，高效新风热回收系统，充分利用可再生能源，至少满足《绿色建筑评价标准》（GB/T 50378）一星级要求。超低能耗建筑更加节能，建筑物全年供暖供冷需求显著降低，严寒和寒冷地区建筑节能率达到 90% 以上；与现行国家节能设计标准相比，供暖能耗降低 85% 以上。超低能耗建筑规模持续增长，近零能耗建筑实现零的突破，截至 2021 年底，节能建筑占城镇民用建筑面积比例超过 63.7%，累计建设超低、近零能耗建筑面积超过 1390 万 m^2。

推动智能建造

智能建造是指在建造过程中充分利用智能技术，通过应用智能化系统提高建造过程智能化水平，来达到安全建造的目的，提高建筑性价比和可靠性。国家层面鼓励发展智能建造，推广绿色建材、装配式建筑和钢结构住宅，应用 5G、人工智能、物联网等新技术发展智能建造，促进建筑业转型升级。《住房和城乡建设部等部门关于推动智能建造与建筑工业化协同发展的指导意见》（建市〔2020〕60 号）要求，各地围绕数字设计、智能生产、智能施工等方面积极探索，推动智能建造与新型建筑工业化协同发展取得较大进展。如上海市嘉定新城金地菊园社区项目基于 BIM 的智慧工地策划系统，自动采集项目相关数据信息，结合项目施工环境、节点工期、施工组织、施工工艺等因素，对项目施工场地布置、施工机械选型、施工计划、资源计划、施工方案等内容做出智能决策或提供辅助决策的数据，避免施工程序不合理、资源不合理利用等问题。

建筑绿色金融支持

湖州市推出"零碳建筑贷""低碳提效贷""碳中和贷"等 20 余款产品，发行全省首单绿色建筑"碳中和"债券。2021 年，湖州市绿色建筑贷款余额达到 259.14 亿元，同比增长 74.25%，带动全市新建绿色建筑占比达到 100%。青岛市先后与建设银行等 6 家金融机构达成战略合作意向，获得意向性绿色城市金融支持资金达 3500 亿元。2021 年青岛市 37 家主要银行机构绿色贷款余额同比提高了 13.7 个百分点。

示范引领

北京推进建筑节能。积极推进绿色建筑发展，实施《北京市民用建筑节能管理办法》，新建民用建筑在国内率先全面执行绿色建筑标准，在全国率先发布《居住建筑节能设计标准》（DB11/891－2020），从 2021 年 1 月 1 日起实施。截至 2021 年底，累计建成城镇节能住宅约 5.5 亿 m^2，节能住宅约占全部既有住宅的 95%；累计建成城镇节能民用建筑 8.02 亿 m^2，节能民用建筑占全部既有民用建筑总量的 80.6%，节能住宅和节能民用建筑的比重持续居各省市首位。上海加快推动绿色建筑发展，持续推进既有公共建筑节能改造，推广绿色施工及装配式建筑，细化深化公共机构领域节能工作，持续推进建筑能耗监测。加快推广超低能耗建筑，印发《上海市超低能耗建筑项目管理规定（暂行）》，对符合要求的超低能耗建筑给予容积率和资金奖励。累计推进绿色建筑 2.8 亿 m^2，落实公共建筑节能改造面积 1600 万 m^2，推进超低能耗建筑项目 42 个、面积约 350 万 m^2。全市建筑能耗监测系统覆盖楼宇达 2100 栋，覆盖面积达 9900 万 m^2。

（本节撰写人：唐伟、张玉琢　审核人：王成洁）

1.5 交通领域

交通运输能源消费量持续增长，行业增加值能耗持续下降

交通运输行业能源消费量整体呈现快速增长态势，2021 年达到 4.6 亿 tce，比 2012 年提高 41.1%；石油占比逐年下降，天然气、电能占比不同程度上升。其中，2021 年，电力消费占比提升至 5.7%，比 2012 年提高了 2.3 个百分点。行业增加值能耗水平稳步下降，2021 年，下降至 0.97tce/万元，比 2012 年降低 30%。

图 1-33 交通运输行业终端用能总量及行业产值单耗变化趋势

图 1-34 我国交通运输行业终端能源消费结构

1.5.1　公路运输能效水平

公路运输能源消费量平稳增长，单位运输周转量能耗降速趋稳

我国公路运输交通工具主要以民用车、私家车、营运车辆等道路汽车为主，主要消耗能源为汽油和柴油，以及少量的天然气、液化石油气和电能。能源消费量平稳增长，2021 年，公路汽油、柴油消费量合计为 2.7 亿 tce，比 2012 年增长 27.1％，占交通运输能源消费总量的比重接近 60％。单位运输周转量能耗远高于其他运输方式，整体呈下降态势。2021 年，为 454kgce/（万 t·km），较 2012 年下降 1.3％，为铁路和水路运输的 11 倍。重点产品单耗降幅较大，2021 年，我国乘用车行业（含新能源车）。平均燃料消耗量为 5.1L/100km（WLTC 工况），同等工况转化计算较上年下降 15％以上，超额完成 2021 年度 5.98L/100km 的燃料消耗量目标。

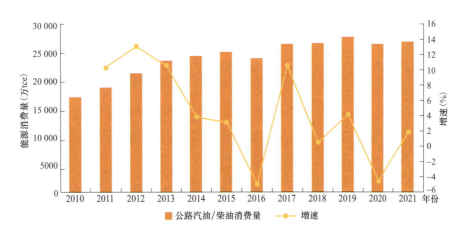

图 1-35　公路汽油、柴油消费量及增速变化趋势

图 1-36　公路单位运输周转量能耗变化趋势

1.5.2　铁路运输能效水平

> **铁路能源消费量逐步趋稳，单位运输周转量能耗平稳下降**

　　我国铁路运输交通工具目前主要包括内燃机车和电力机车，主要消耗能源为柴油和电力。能源消费量经过快速增长后逐步趋缓，2021年，铁路能源消费量为1581万tce，比2012年减少9.5%。单位运输周转量能耗整体平稳下降。2021年，为40.7kgce/（万t·km），较2012年下降13.0%。重点产品单耗小幅下降，2021年，电力机车占比逐年攀升且已占据主导地位。从电力机车综合电

图 1-37　铁路能源消费量及增速变化趋势

耗来看，2021 年，电力机车综合电耗为 100.9kW•h/（万 t•km），较 2012 年下降 1.2%，与上年基本持平。

图 1-38　铁路单位运输周转量能耗变化趋势

1.5.3　水路运输能效水平

水路运输能源消费量逐年提升，单位运输周转量能耗趋稳

我国水路运输包括内河（含运河和湖泊）、沿海和远洋运输，水路运输以货运为主，客运较少。交通工具主要以船舶为主，主要消耗能源为柴油。能源

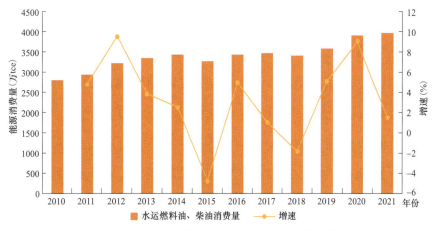

图 1-39　水运能源消费量及增速变化趋势

消费量近两年处于高位，2021 年，水运燃料油、柴油消费量合计为 3985 万 tce，比 2012 年增长 23.3%，尤其随着"公转水"规模的不断扩大，近两年增长较快。单位运输周转量能耗整体平稳下降。2021 年，为 39.9kgce/（万 t•km），较 2012 年下降 7.6%。

图 1-40　水运单位运输周转量能耗变化趋势

1.5.4　航空运输能效水平

航空运输能源消费量先升后降，单位周转量能耗近年下降明显

我国航空运输交通工具为飞机，民航运输以客运为主，货运较少。主要消耗能源为航空煤油。能源消费量先升后降，2021 年，我国民航煤油消费量为 3645 万 tce，比 2012 年增长 64.1%。单位运输周转量经历先升后降后，2018 年开始下降至新的稳定期，2021 年，为 4546kgce/（万 t•km），较 2012 年下降 11.7%。从其他节能指标来看，2021 年，共有 59.1 万架次航班使用临时航路，缩短飞行距离 2166 万 km，节省燃油消耗约 11.7 万 t；2018－2021 年，实施蓝天保卫战项目累计 152 个，累计节省航油约 62 万 t，减少二氧化碳排放 195.3 万 t。

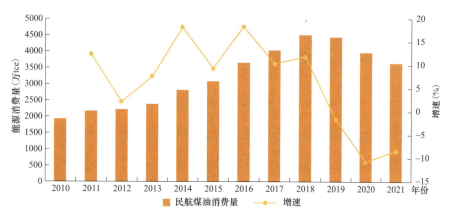

图 1-41　航空能源消费量及增速变化趋势

图 1-42　航空运输单位运输周转量能耗变化趋势

1.5.5　交通领域能效措施

优化运输结构

　　加快推进大宗货物和中长距离运输的"公转铁""公转水"，大力发展多式联运，提升集装箱铁水联运和水水中转比例，开展绿色出行创建行动，提高绿色出行比例。从不同运输方式能耗强度来看，铁路、航空、公路、水运运输的单位周转量能耗强度差别很大，运输结构对能耗的影响明显。

推动汽车节能技术持续提升

纯电动汽车技术水平和产品竞争力全面提升。电动汽车整车能耗、续驶里程、智能化应用等综合性能实现全面进步，产品竞争力显著提升，动力电池技术和规模进入世界前列，驱动电机与国外先进水平同步发展，充电设施建设初步满足发展要求，智能充电、V2G 等前瞻性技术进入示范测试阶段。氢燃料电池汽车加快进入示范导入期。氢燃料电池客车续驶里程、百公里氢耗量、最高车速等，商用车燃料电池系统额定功率、功率密度、冷启动温度、寿命等，均实现或超额完成 2020 年目标；商用车燃料电池系统多项技术指标与国际先进技术水平同步；实现了电堆、压缩机、DC/DC 变换器、氢气循环装置等关键零部件的国产化。

提升电气化铁路比重

电气化铁路作为现代化的运输方式，可以把对燃油的直接消费转变为对煤和水资源的间接消费，直接排放接近于零，具有技术和经济优越性。因此，电气化铁路是构建节能铁路运输结构的重要措施，近年来在我国得到了快速发展。截至 2020 年底，全国电气化铁路营业里程达到 10.7 万 km，比上年增长 7.0%，电化率 72.8%，比上年提高 0.9%，进一步优化了铁路结构，减少能源消耗。

推进港口岸电建设

2021 年 7 月，交通运输部、国家发展改革委、国家能源局、国家电网公司联合印发《关于进一步推进长江经济带船舶靠港使用岸电的通知》，具体包括协同推进船舶和港口岸电设施建设、进一步降低岸电建设和使用成本、强化岸电建设和使用监管、优化提升岸电服务水平等内容。该通知提出，力争到 2025 年底前，长江经济带船舶受电设施安装率大幅提高，港口和船舶岸电设施匹配度显著提升，岸电使用成本进一步降低，岸电服务更加优质，岸电监管进一步强化，基本实现长江经济带船舶靠港使用岸电常态化。港口岸电的普及可有效减少船舶废气和大气污染。

加强智慧化管理

加强互联网等技术在城市客运方面的应用，持续提升地铁、轻轨、城轨、公交的智慧化程度。以山东为例，一是构建"1＋1＋3＋N"智慧交通体系。建设一个指挥中心、一个大数据中心、三个综合管理平台和 N 个行业管理应用系统，动态监控全市 3.9 万辆出租车及网约车、6500 余台公交汽车、2300 余辆长途客车和 1100 余辆危险品运输车辆，实现全息感知、预测预警。依托航拍影像数据，建立覆盖 6500km、1900 条道路的规划建设档案，实现道路承载力、土地利用与交通拥堵多源数据智能分析。二是行业运行全管控。建成智慧交通 5G 指挥中心，实现全市交通运行监测预警、安全应急调度指挥、行业管理决策分析、公众出行信息服务"一屏总览"。通过智慧化管理，推进"最后一公里"问题的解决。

（本节撰写人：王成洁、张玉琢　审核人：张成龙）

1.6　农业领域能效水平及措施

农业能源消费总量缓慢增长，行业增加值能耗稳步下降

我国农业终端能源消费总量近年来持续增长但增速逐步放缓，2021 年达到 0.96 亿 tce。行业增加值能耗稳步下降，2021 年为 116kgce/万元。从用能结构看，

终端能源消费结构逐步优化，油品占比稳中有降，电力、天然气水平逐步提升。农业生产中用油依然占据重要地位，这和农业生产设备、生产习惯等密切相关。

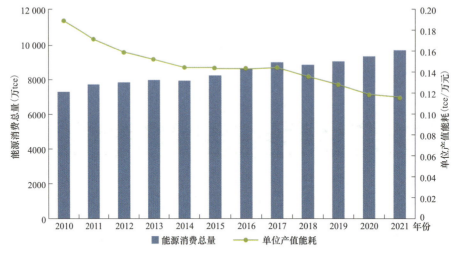

图 1-43　我国农村生产终端用能总量及产值单耗

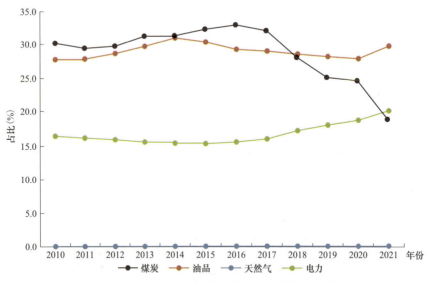

图 1-44　我国农业生产终端能源消费结构变化趋势

产业政策与技术促进了农业领域能效提升

农业能效提升路径主要体现在政策全面性推动和技术突破两大方面。在

《"十四五"推进农业农村现代化规划》（国发〔2021〕25 号）、《"十四五"全国农业绿色发展规划》（农规发〔2021〕8 号）等政策的支持下，农业生产持续优化用能结构，提升装备能效利用水平，加强智能绿色用能装备技术的研发应用，创新新能源与清洁能源应用等关键技术。

农业大棚电气化技术 ➤ 电气化大棚通过电力驱动各种设备在农业大棚中运行，完成通风、灌溉、保温、光照等基本作业，并根据需要对光、热、水、肥等环境进行有效控制，从而达到劳动强度小、环境污染少、作业效率高、农产品品质提升的效果。

电气化烘干技术 ➤ 采用电能作为烘干能源，零污染、零排放，符合近年来各地政府对节能环保的要求，设备制造工艺更精细、运行更智能，提高了产品品质，降低了企业成本，提高了经济效益，实现了节能减排的目标。

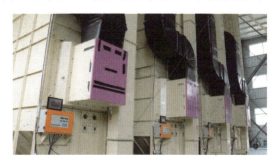

（本节撰写人：谭清坤、张玉琢　审核人：张煜）

2

我国能效发展
趋势研究

2.1 能效发展新形势和目标

党的二十大报告指出了完善能源消耗总量和强度调控，推动能源清洁低碳高效利用，推进工业、建筑、交通等领域清洁低碳转型，实施全面节约战略，推动形成绿色低碳的生产方式和生活方式。2023 年 7 月，习近平总书记主持召开的中央全面深化改革委员会第二次会议强调，要一以贯之坚持节约优先方针，更高水平、更高质量地做好节能工作，用最小成本实现最大收益。同月，习近平总书记在全国生态保护大会上再次强调，我国生态环境保护结构性、根源性、趋势性压力尚未根本缓解。我国经济社会发展已进入加快绿色化、低碳化的高质量发展阶段，生态文明建设仍处于压力叠加、负重前行的关键期。必须以更高站位、更宽视野、更大力度来谋划和推进新征程生态环境保护工作，谱写新时代生态文明建设新篇章。

表 2 - 1　　　　　　　　　当前政策下我国能效目标

总体目标	"十四五"期间	到 2025 年，非化石能源消费比重达到 20% 左右，单位国内生产总值能源消耗比 2020 年下降 13.5%，单位国内生产总值二氧化碳排放比 2020 年下降 18%，为实现碳达峰奠定坚实基础
	"十五五"期间	到 2030 年，非化石能源消费比重达到 25% 左右，单位国内生产总值二氧化碳排放比 2005 年下降 65% 以上，顺利实现 2030 年前碳达峰目标
工业领域	行业增加值能耗	到 2025 年，规上工业单位增加值能耗降低 13.5%，吨钢综合能耗降低 2% 以上
	产品增加值能耗	2025 年，钢铁、电解铝、水泥、平板玻璃行、炼油、乙烯、合成氨、电石行业达到标杆水平的产能比例超过 30%，钢铁行业吨钢综合能耗降低 2%，水泥产品单位熟料能耗水平降低 3.7%，电解铝碳排放下降 5%
建筑领域	"十四五"期间城镇新建居住建筑能效水平提升 30%，城镇新建公共建筑能效水平提升 20%	
交通领域	到 2025 年，城市新能源公交车辆占比 72%，铁路营业里程 16.5 万 km，公路通车里程 550 万 km	
农业领域	到 2025 年，农作物耕种收综合机械化率达到 75%	

2.2 能效关键影响因素发展趋势

2.2.1 加快能效技术进步

聚焦国家能源发展战略任务，立足以煤为主的资源禀赋，抓好煤炭清洁高效利用，增加新能源消纳能力，推动煤炭和新能源优化组合，保障国家能源安全并降低碳排放，是我国低碳科技创新的重中之重。未来将加强基础性、原创性、颠覆性技术研究，为煤炭清洁高效利用、新能源并网消纳、可再生能源高效利用，以及煤制清洁燃料和大宗化学品等提供科技支撑。

▶**煤炭清洁高效利用**。加强煤炭先进、高效、低碳、灵活智能利用的基础性、原创性、颠覆性技术研究。实现工业清洁高效用煤和煤炭清洁转化，攻克近零排放的煤制清洁燃料和化学品技术；研发低能耗的百万吨级二氧化碳捕集利用与封存全流程成套工艺和关键技术。研发重型燃气轮机和高效燃气发动机等关键装备。研究掺氢天然气、掺烧生物质等高效低碳工业锅炉技术、装备及检测评价技术。

▶**新能源发电**。研发高效硅基光伏电池、高效稳定钙钛矿电池等技术，研发碳纤维风机叶片、超大型海上风电机组整机设计制造与安装试验技术、抗台风型海上漂浮式风电机组、漂浮式光伏系统。研发高可靠性、低成本太阳能热发电与热电联产技术，突破高温吸热传热储热关键材料与装备。研发具有高安全性的多用途小型模块式反应堆和超高温气冷堆等技术。开展地热发电、海洋能发电与生物质发电技术研发。

▶**智能电网**。以数字化、智能化带动能源结构转型升级，研发大规模可再生能源并网及电网安全高效运行技术，重点研发高精度可再生能源发电功率预测、可再生能源电力并网主动支撑、煤电与大规模新能源发电协同规划与综合调节技术、柔性直流输电、低惯量电网运行与控制等技术。

▶**储能技术**。研发压缩空气储能、飞轮储能、液态和固态锂离子电池储能、钠离子电池储能、液流电池储能等高效储能技术；研发梯级电站大型储能等新型储能应用技术以及相关储能安全技术。

▶**氢能技术**。研发可再生能源高效低成本制氢技术、大规模物理储氢和化学储氢技术、大规模及长距离管道输氢技术、氢能安全技术等；探索研发新型制氢和储氢技术。

▶**节能技术**。在资源开采、加工，能源转换、运输和使用过程中，以电力输配和工业、交通、建筑等终端用能环节为重点，研发和推广高效电能转换及能效提升技术；发展数据中心节能降耗技术，推进数据中心优化升级；研发高效换热技术、装备及能效检测评价技术。

2.2.2 提升各类能效标准

标准提升是技术有效实施和深度应用的重要保障，未来将更新和新设立一批符合实际发展、面向"双碳"和节能目标的重要标准。

▶**推进煤炭、石油和天然气绿色高效生产转化和利用相关标准制修订**。重点推动煤炭清洁高效生产、利用和石油炼化等领域节能降碳相关标准提升，进一步提升煤电、煤炭深加工能效相关标准，完善和提升石油炼化能效相关标准。

▶**提升煤炭和油气相关资源综合利用标准水平**。完善煤矸石、粉煤灰和尾矿综合利用相关技术标准，加强煤炭和油气开发、转化、储运等环节余热、余压和冷能等资源回收利用相关标准要求。推动完善煤炭和油气开发生态环境治理相关标准。

▶**完善和提升电力输送能效标准**。结合新型电力系统标准体系研究，推动一批新型节能环保电力设备和材料相关标准制修订，进一步提升电力输送关键设备的能效标准。推动负荷侧再电气化能效标准提升。

▶**加快推动综合能源服务标准体系建设及基础性标准研制**。重点推动综合能源服务规划设计、能源综合利用、能源服务、能效监测与诊断、能源托管与运营、系统运行质量、服务质量评价及能源与多领域融合等标准研制。

▶**煤电能效标准提升**。进一步完善和提升煤电机组能效和灵活性等标准，明确考核约束和关键配套有关技术标准要求，结合煤电"三改联动"开展先进适用标准试点示范。

▶**煤炭深加工能效标准提升**。依托现代煤化工产业升级和技术改造，进一步完善和提升煤炭深加工能效标准，结合煤化工大气污染物排放要求开展先进适用标准试点示范。

▶**石油炼化能效标准提升**。依托炼油行业"能效领跑者"行动和技术改造，进一步完善石油炼化领域资源综合利用、炼化产业技术改造标准，持续推进炼油行业能效提升。

▶**电力输送能效标准提升**。进一步提升电力输送有关能效标准，依托电网建设和技术改造开展示范，助推电网线损率进一步降低。

2.2.3　加速数智化发展

未来，能源系统各环节数字化智能化创新应用体系初步构筑、数据要素潜能充分激活，一批制约能源数字化智能化发展的共性关键技术取得突破，能源系统效率、可靠性、包容性稳步提高，能源生产和供应多元化加速拓展、质量效益加速提升，数字技术与能源产业融合发展对能源行业提质增效与碳排放强度和总量"双控"的支撑作用全面显现。

▶**以数字化智能化技术带动煤炭安全高效生产**。提升煤矿采掘成套装备智能化控制水平，采煤工作面加快实现采-支-运智能协同运行、地面远程控制及井下无人/少人操作，掘进工作面加快实现掘-支-锚-运-破多工序协同作业、智能快速掘进及远程控制。推进大型露天煤矿无人驾驶系统建设与常态化运行，支持露天煤矿采用半连续、连续开采工艺系统，提高露天煤矿智能化开采和安全生产水平。支持煤矿建设集智能地质保障、智能采掘（剥）、智能洗选、智能安控等于一体的智能化煤矿综合管控平台。

▶**以数字化智能化技术助力油气绿色低碳开发利用**。推动油气与新能源协同开发，提高源网荷储一体化智能调控水平，强化生产用能的新能源替代。推动油气管网的信息化改造和数字化升级，推进智能管道、智能储气库建设，提升油气管网设施安全高效运行水平和储气调峰能力。加快数字化智能化炼厂升级建设，提高炼化能效水平。

▶**以数字化智能化用能加快能源消费环节节能提效**。持续挖掘需求侧响应潜力，聚焦传统高载能工业负荷、工商业可中断负荷、电动汽车充电网络、智能楼宇等典型可调节负荷，探索峰谷分时电价、高可靠性电价、可中断负荷电价等价格激励方式，推动柔性负荷智能管理、虚拟电厂优化运营、分层分区精准匹配需求响应资源等，提升绿色用能多渠道智能互动水平。以产业园区、大型公共建筑为重点，以提高终端能源利用效能为目标，推进多能互补集成供能基础设施建设，提升能源综合梯级利用水平。推动普及用能自主调优、多能协同调度等智能化用能服务，引导用户实施技术节能、管理节能策略，大力促进智能化用能服务模式创新，拓展面向终端用户的能源托管、碳排放计量、绿电交易等多样化增值服务。依托能源新型基础设施建设，推动能源消费环节节能提效与智慧城市、数字乡村建设统筹规划，支撑区域能源绿色低碳循环发展体系构建。

▶**以新模式新业态促进数字能源生态构建**。提高储能与供能、用能系统协同调控及诊断运维智能化水平，加快推动全国新型储能大数据平台建设，健全完善各省（区）信息采集报送途径和机制。提升氢能基础设施智能调控和安全预警水平，探索氢能跨能源网络协同优化潜力，推动氢电融合发展。推进综合能源服务与新型智慧城市、智慧园区、智能楼宇等用能场景深度耦合，利用数字技术提升综合能源服务绿色低碳效益。推动新能源汽车融入新型电力系统，提高有序充放电智能化水平，鼓励车网互动、光储充放等新模式新业态发展。

2.2.4 完善市场和金融体系

市场和金融支持是提升能源利用整体效率的重要保障，有助于实现能源资源有效配置和降本增效。

▶**支持完善资源市场化交易机制**。支持试点地区完善电力市场化交易机制，提高电力中长期交易签约履约质量，开展电力现货交易试点，完善电力辅助服务市场。按照股权多元化原则，加快电力交易机构股份制改造，推动电力交易机构独立规范运行，实现电力交易组织与调度规范化。深化天然气市场化改革，逐步构建储气辅助服务市场机制。完善矿业权竞争出让制度，建立健全严格的勘查区块退出机制，探索储量交易。

▶**支持构建绿色要素交易机制**。在明确生态保护红线、环境质量底线、资源利用上线等基础上，支持试点地区进一步健全碳排放权、排污权、用能权、用水权等交易机制，探索促进绿色要素交易与能源环境目标指标更好衔接。探索建立碳排放配额、用能权指标有偿取得机制，丰富交易品种和交易方式。探索开展资源环境权益融资。探索建立绿色核算体系、生态产品价值实现机制以及政府、企业和个人绿色责任账户。

▶到 2025 年，财政政策工具不断丰富，有利于绿色低碳发展的财税政策框架初步建立，有力支持各地区各行业加快绿色低碳转型。2030 年前，有利于绿色低碳发展的财税政策体系基本形成，促进绿色低碳发展的长效机制逐步建立，推动碳达峰目标顺利实现。2060 年前，财政支持绿色低碳发展政策体系成熟健全，推动碳中和目标顺利实现。

2.3 全社会能效趋势展望

2.3.1 4E-SD 能效模型

本报告将自上而下与自下而上相结合，系统考虑全要素的影响，构建了具有反馈机制的用能全环节 4E-SD（经济－能源－环境－电力＋系统动力学）模型，并进行模拟仿真（模型框架见附录3）。

◎**模型输入**：经济变量主要包括GDP、产业增加值、终端产品需求量的初始值；能源变量主要包括能源生产加工传输环节用能、各用能领域分品种能源消费初始值；环境变量主要包括分用能品种碳排放系数；电力变量主要包括一次能源供应、各领域终端用电初始值。

◎**模型输出**：全社会、用能领域、用能品种能源消费趋势，全社会、用能领域能效水平和电气化趋势，全社会碳排放趋势等。

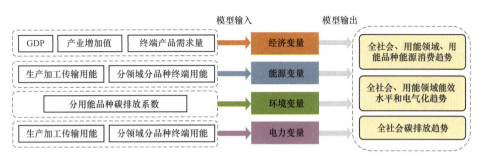

图 2-1　模型输入及输出变量

2.3.2　情景设置

为有效分析不同约束条件及不同发展阶段下的我国能效水平趋势，本报告设置了三种分析情景，分别针对现有政策体系和市场环境、能效先进技术加速应用渗透、能效管理水平加速成熟条件下的能源消费、碳排放、能效水平趋势进行定量研究。

表 2-2　　　　　　　　　　　情　景　设　置

情景	情　景　描　述
基础情景	依据现有政策目标和要求，结合短期趋势外推法，分析能源消费和碳排放趋势，以及能效对碳排放贡献。该情景下，能效技术逐渐渗透，市场机制和各类能效管理模式逐渐成熟
技术加强情景	该情景下，主要考虑增加对突破性技术和标准的投资，加快先进能效技术渗透和应用，进而分析能效对碳排放的贡献

续表

情景	情景描述
结构强化情景	该情景主要考虑市场、数字化水平、管理体系、商业模式等结构因素加速成熟条件下的能源消费和碳排放水平，技术投资在现有水平基础上保持合理增长，技术渗透率逐渐增加，进而分析能效对碳排放的贡献

工业领域

基础情景主要参考当前工业领域政策目标和政策要求。技术加强情景主要考虑工业 CCUS、氢能等新型节能技术应用和渗透率逐步提升。结构强化情景主要考虑市场机制逐渐成熟下工业企业参与碳交易和绿电交易，以及虚拟电厂模式不断成熟。

表 2-3　　　　　　　　　　工 业 领 域 情 景 设 置

情景	情景描述
基础情景	◎技术条件：各类技术按照《国家工业和信息化领域节能技术装备推荐目录（2022 年版）》实施。 ◎市场条件：近期主要参与全国电力现货市场，中远期与绿证市场、碳市场等市场逐步有效衔接。 ◎管理条件：基于数字化的能效服务体系逐步完善，能效监测控制管理平台逐步建立和应用
技术加强情景	◎技术条件：到 2030、2060 年，工业 CCUS 加速投资应用，渗透率分别达到15%、70%；氢能等新能源利用率分别达到 10%、60%。 ◎市场条件：近期主要参与全国电力现货市场，中远期与绿证市场、碳市场等市场逐步有效衔接。 ◎管理条件：基于数字化的能效服务体系逐步完善，能效监测控制管理平台逐步建立和应用
结构强化情景	◎技术条件：现有能效技术逐渐应用渗透。 ◎市场条件：工业企业同时参与绿证市场、电力市场、碳市场，明晰各类市场衔接机制和交易条件，逐步强制实施绿证配额和碳配额。 ◎管理条件：建立多个区域性工业领域虚拟电厂，聚合各类用能资源，优化配置

建筑领域

基础情景主要参考当前绿色建筑的技术标准和建筑节能政策要求。技术加强情景主要考虑建筑节能改造和电能替代技术加速推广，以及城市综合供热系统的建设。结构强化情景主要考虑建筑用能参与需求响应及"产销一体"模式的成熟。

表 2-4　　　　　　　　　　建 筑 领 域 情 景 设 置

情景	情 景 描 述
基础情景	◎技术条件：新建建筑按照《建筑节能与可再生能源利用通用规范》（GB 55015－2021）、《民用建筑绿色设计标准（局部修订征求意见稿）》等标准实施。 ◎市场条件：近期屋顶分布式光伏发电占比逐步达到 20%，中远期逐步达到 50%。 ◎管理条件：基于数字化的能效服务体系逐步完善，能效监测控制管理平台逐步建立和应用
技术加强情景	◎技术条件：新建建筑参照基础情景技术标准，到 2030、2060 年分别完成既有建筑节能改造面积 6 亿、10 亿 m^2 以上；加速发展全电厨房，到 2030、2060 年占比分别达到 10%、50%；加快城市电氢耦合的城市综合能源供热系统建设。 ◎市场条件：近期屋顶分布式光伏发电占比逐步达到 20%，中远期逐步达到 50%。 ◎管理条件：基于数字化的能效服务体系逐步完善，能效监测控制管理平台逐步建立和应用
结构强化情景	◎技术条件：完成"十四五"既有建筑节能改造目标，新建建筑参照基础情景技术标准。 ◎市场条件：建筑分布式光伏建设参照基础情景市场条件；建筑用电积极参与需求响应。 ◎管理条件：逐步参与区域虚拟电厂；通过建筑能效服务管理逐步建成能源"产销一体"模式，到 2030、2060 年能源"产销一体"建筑比例分别达到 10%、60%

交通领域

基础情景主要参考当前交通运输政策目标和政策要求。技术加强情景主要考虑电池技术突破下的各目标提升。结构强化情景主要考虑智慧交通运输模式逐渐成熟。

表 2-5 交通领域情景设置

情景	情景描述
基础情景	◎技术条件：到 2030、2060 年，新能源汽车占比分别达到 40%、50%，电气化铁路占比分别达到 80%、90%。2060 年，水路、铁路大宗货物运输量分别增长 30%、40%；电动航运、机场 APU、港口岸电比例每年提高 1%～3%。 ◎市场条件：通过分时电价加强电动汽车错峰充电管理。 ◎管理条件：基于数字化的能效管理平台逐步完善，实现交通运输能源消费可观可测可控
技术加强情景	◎技术条件：加快电池技术突破，到 2030、2060 年，新能源汽车占比分别达到 50%、70%，电气化铁路占比分别达到 90%、95%。2060 年，水路、铁路大宗货物运输量分别增长 50%、60%；电动航运、机场 APU、港口岸电比例每年提高 5%。 ◎市场条件：通过分时电价加强电动汽车错峰充电管理。 ◎管理条件：基于数字化的能效管理平台逐步完善，实现交通运输能源消费可观可测可控
结构强化情景	◎技术条件：参照基础情景技术条件。 ◎市场条件：通过分时电价加强电动汽车错峰充电管理；考虑交通运输参与碳市场，到 2030、2060 年分别达到 5%、40%。 ◎管理条件：V2X 模式逐渐成熟，建设智能基础设施、高精度动态地图、云控基础数据等服务平台，开展充换电、加氢、智能交通等综合服务，实现互联互通和智能管理

农业领域

基础情景主要考虑在当前技术条件下的绿色农机具应用比例和农业生产用能优化措施。技术加强情景主要考虑绿色农机具应用比例进一步提升，以及碳汇能力提升。结构强化情景主要考虑智慧农业生产和废弃物循环利用模式逐步建立。

表 2-6 农业领域情景设置

情景	情景描述
基础情景	◎技术条件：到 2030、2060 年，绿色农机占比分别达到 70%、90%；加快生物质和沼气产业链条和示范基地建设。 ◎管理条件：加快发展生态循环农业

续表

情景	情 景 描 述
技术加强情景	◎技术条件：到 2030、2060 年，绿色农机占比分别达到 75％、95％；逐步建立"上游原料收集—中游沼气生产—终端产品应用"的产业链条和生物质万吨级生产示范基地；碳汇能力逐步提升，固碳能力每年提升 1％。 ◎管理条件：加快发展生态循环农业
结构强化情景	◎技术条件：绿色农业占比和固碳能力逐步提升，生物质和沼气应用逐步加快。 ◎管理条件：大力推广智慧农业生产和废弃物循环利用，循环利用占比在 2030、2060 年分别达到 20％、60％

2.3.3　全社会及重点领域能效潜力

我国能效水平持续提升，但实现碳中和难度较大，需重点加强能效技术

基础情景下，非化石能源消费占比持续提高，到 2060 年超过 80％；全社会用能在 2032 年达峰；全社会终端用能（除原料用能）在 2031 年达峰，约为 36.5 亿 tce，2060 年降至 25.4 亿 tce；终端煤消费持续下降，油、气、热及其他分别在 2032、2033、2036 年达峰；终端电力消费持续增长，但 2030 年后增长放缓，电能替代为主要的节能途径，终端用煤替代潜力最大，其次为终端用油。

基础情景下，单位 GDP 能耗"十四五"期间降幅为 13.5％，2030、2060 年分别比 2020 年降低了 21.6％、70.3％；结构强化情景、技术加强情景下 2030 年能效分别比 2020 年降低了 31％、42％。结构强化情景、技术加强情景下 2060 年能效分别比 2020 年降低了 82.5％、91.2％。

基础情景、结构强化情景、技术加强情景下的能效提升对碳减排的贡献度分别为 42％、71％、76％。结构强化对碳减排的作用逐渐增强，技术加强对碳减排的作用先强后弱。根据我国陆地海洋等碳汇能力测算，基础情景无法实现 2060 年碳中和；结构强化情景下 2060 年碳排放为 28.3 亿 t，较难实现碳中和；

技术加强情景下 2060 年碳排放为 22.4 亿 t，可以实现碳中和。❶

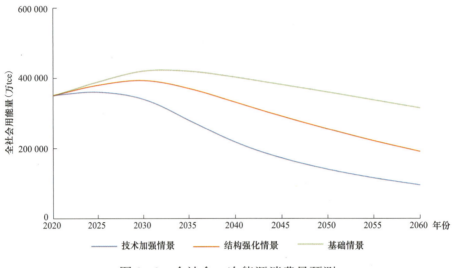

图 2-2　全社会一次能源消费量预测

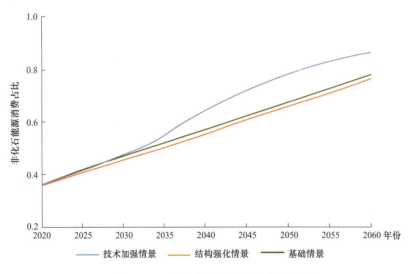

图 2-3　非化石能源消费占比预测

---

❶ 本报告三种情景下均能实现 2030 年碳达峰，设定不同情景下的能效对碳减排的贡献度为（2030 年碳排放－2060 年碳排放）/2030 年碳排放。根据文献［3］，我国碳汇能力在 2060 年可达到 20 亿～25 亿 t CO₂/年。

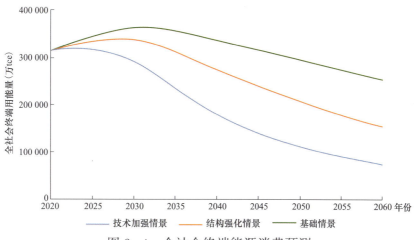

图 2-4　全社会终端能源消费预测

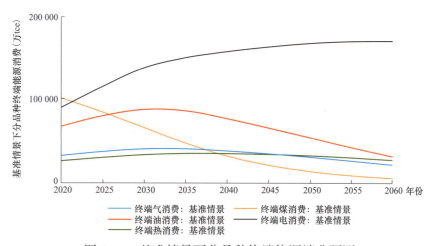

图 2-5　基准情景下分品种终端能源消费预测

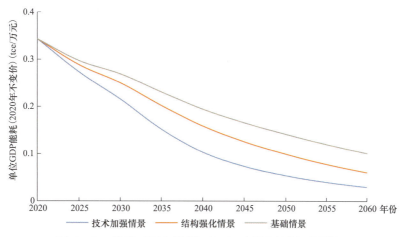

图 2-6　单位 GDP 能耗（2020 年不变价）预测

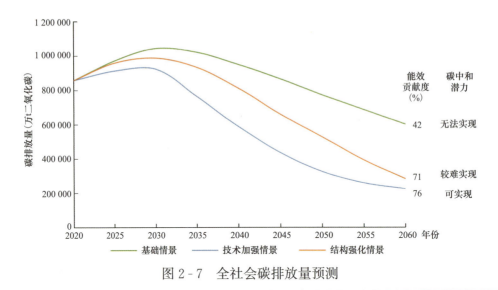

图 2-7　全社会碳排放量预测

> **近中期应加快工业和交通领域能效技术提升，中长期加速开展建筑领域节能降碳**

工业领域节能技术应用对近中期能效提升作用较大，基础情景、结构强化情景、技术加强情景下，2030 年单位产业增加值能耗分别为 0.38、0.36、0.29tce/万元，比 2020 年分别降低了 34.5%、37.9%、50%；2060 年单位产业增加值能耗分别为 0.12、0.08、0.04tce/万元，比 2020 年分别降低了 78.9%、86.0%、93.0%。能效提升对碳减排的贡献度分别为 42%、71%、75%。

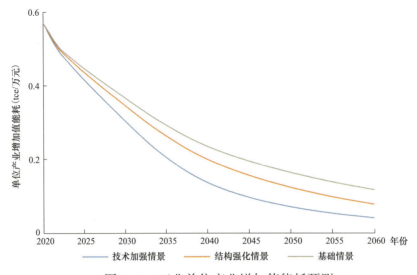

图 2-8　工业单位产业增加值能耗预测

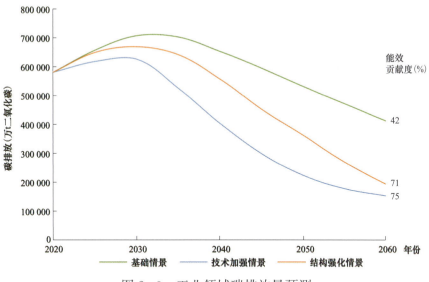

图 2-9　工业领域碳排放量预测

建筑领域节能技术应用对中远期能效提升作用较大，基础情景、结构强化情景、技术加强情景下，2030 年单位产业增加值能耗分别为 62、57、54kgce/万元，比 2020 年分别降低了 5％、16.7％、24％；2060 年单位产业增加值能耗分别为 23、12、44kgce/万元，比 2020 年分别降低了 66.7％、83.3％、93.3％。能效提升对碳减排的贡献度分别为 36％、68％、73％。

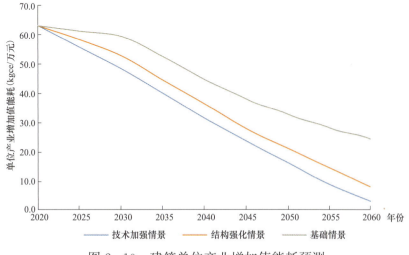

图 2-10　建筑单位产业增加值能耗预测

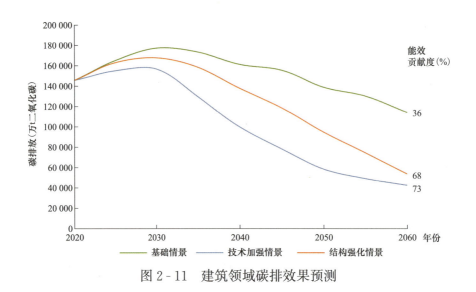

图 2-11　建筑领域碳排效果预测

交通领域节能技术应用对近中期能效提升作用较大，基础情景、结构强化情景、技术加强情景下，2030 年单位产业增加值能耗分别为 0.9、0.8、0.62tce/万元，比 2020 年分别降低了 6%、18%、29%；2060 年单位产业增加值能耗分别为 0.18、0.09、0.01tce/万元，比 2020 年分别降低了 80.6%、90.3%、98.9%。能效提升对碳减排的贡献度分别为 57%、79%、82%。

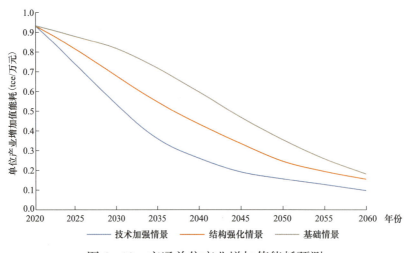

图 2-12　交通单位产业增加值能耗预测

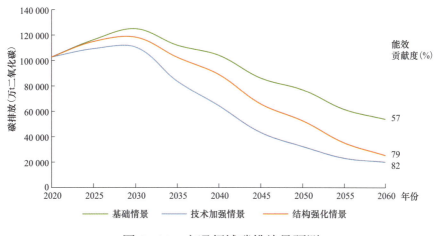

图 2-13　交通领域碳排放量预测

相较其他领域，农业生产能效提升潜力有限。基础情景、结构强化情景、技术加强情景下，2030 年单位产业增加值能耗分别为 69、64、58kgce/万元，比 2020 年分别降低了 3%、11%、16%；2060 年单位产业增加值能耗分别为 38、22、13kgce/万元，比 2020 年分别降低了 48.6%、70.3%、82.4%。能效提升对碳减排的贡献度分别为 42%、71%、76%。

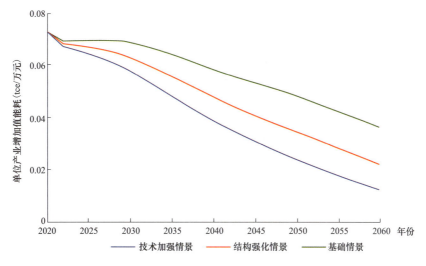

图 2-14　农业单位产业增加值能耗预测

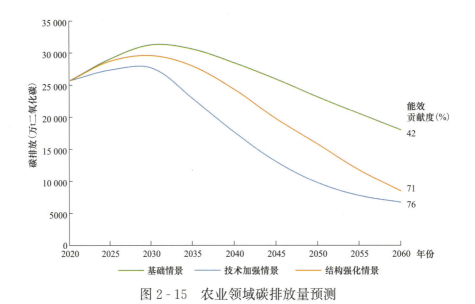

图 2-15　农业领域碳排放量预测

（本章撰写人：张玉琢　审核人：吴鹏）

3

能源生产、转换、传输环节能效提升路径及潜力

3.1　生产、转换、传输能效关键举措

　　未来，在减少化石能源消费、推动能清洁转型的进程中，需要立足我国能源资源禀赋，平衡考虑各方面因素，坚持先立后破、通盘谋划，积极稳妥推动传统能源与新能源优化组合，守住能源安全可靠供应的底线。能源生产和转换将更加清洁化，电力将充分发挥能源资源配置平台作用，以电为中心，电、气、冷、热、氢等多能互补、灵活转换是能源系统发展演变的潮流趋势。"大云物移智链"等数字化技术为能源领域持续赋能，传统能源企业加快数字化转型，能源产业链及生态发生深刻变化。电力跨省跨区输送能力持续提升，全国范围内能源资源协同互济能力显著提升，持续完善特高压和各级电网核心骨干网架，大力推进新能源供给消纳体系建设，加快建设现代智慧配电网，增加配电网规模，稳步提升供电质量。

3.2　电力生产与传输

近期提升新能源消纳、智能电网初步实现

　　新能源坚持集中式开发与分布式开发并举，通过提升功率预测水平、配置调节性电源、储能等手段提升新能源可调可控能力，进一步通过智慧化调度有效提升可靠替代能力，推动新能源成为发电量增量主体。煤电作为电力安全保障的"压舱石"，向基础保障性和系统调节性电源并重转型，煤电机组通过节能降碳改造、供热改造和灵活性改造"三改联动"，实现向清洁、高效、灵活转型。骨干网架层面，电力系统仍将以交流电技术为基础，保持交流同步电网实时平衡的技术形态，全国电网将维持以区域同步电网为主体、区域间异步互联的电网格局。配电网层面，为促进新能源的就近就地开发利用，满足分布式

电源和各类新型负荷高比例接入需求，配电网有源化特征日益显著，分布式智能电网快速发展，促进新能源就地就近开发利用。"云大物移智链"等数字化技术，以及工业互联网、数字孪生、边缘计算等智能化技术在电力系统源网荷储各侧逐步融合应用，推动传统电力发输配用向全面感知、双向互动、智能高效转变。

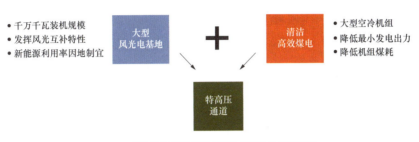

图 3-1　新能源供给消纳体系

中期加快煤炭清洁利用，电力传输智能升级

电源低碳、减碳化发展，新能源逐渐成为装机主体电源，依托燃煤耦合生物质发电、CCUS 和提质降碳燃烧等清洁低碳技术的创新突破，加快煤电清洁低碳转型步伐。电网稳步向柔性化、智能化、数字化方向转型，大电网、分布式智能电网等多种新型电网技术形态融合发展。跨省跨区电力流达到或接近峰值水平，支撑高比例新能源并网消纳，电网全面柔性化发展，常规直流柔性化改造、柔性交直流输电、直流组网等新型输电技术广泛应用，支撑"大电网"与"分布式智能电网"的多种电网形态兼容并蓄。同时，智能化、数字化技术广泛应用，基于大数据、云计算、5G、数字孪生、人工智能等新兴技术，智慧化调控运行体系加快升级，满足分布式发电、储能、多元化负荷发展需求。规模化长时储能技术取得重大突破，满足日以上平衡调节需求。

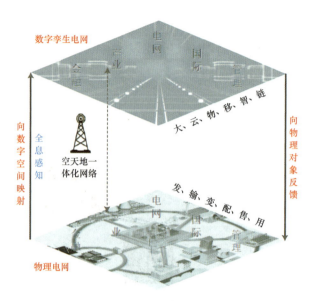

图 3 - 2　新型电力系统数字化技术

远期将依托成熟的新型电力系统提升发电和传输效率

新能源逐步成为发电量结构主体电源，电能与氢能等二次能源深度融合利用。依托储能、构网控制、虚拟同步机、长时间尺度新能源资源评估和功率预测、智慧集控等技术的创新突破，新能源普遍具备可靠电力支撑、系统调节等重要功能，逐渐成为发电量结构主体电源和基础保障性电源。煤电等传统电源转型为系统调节性电源，提供应急保障和备用容量，支撑电网安全稳定运行。新型输电组网技术创新突破，电力与其他能源输送深度耦合协同。低频输电、超导直流输电等新型技术实现规模化发展，支撑网架薄弱地区的新能源开发需求。交直流互联的大电网与主动平衡区域电力供需、支撑能源综合利用的分布式智能电网等多种电网形态广泛并存，共同保障电力安全可靠供应，电力系统的灵活性、可控性和韧性显著提升。能源与电力输送协同发展，依托技术革新与进步，有望打造出输电－输气一体化的"超导能源管道"，促使能源与电力输送格局实现变革。

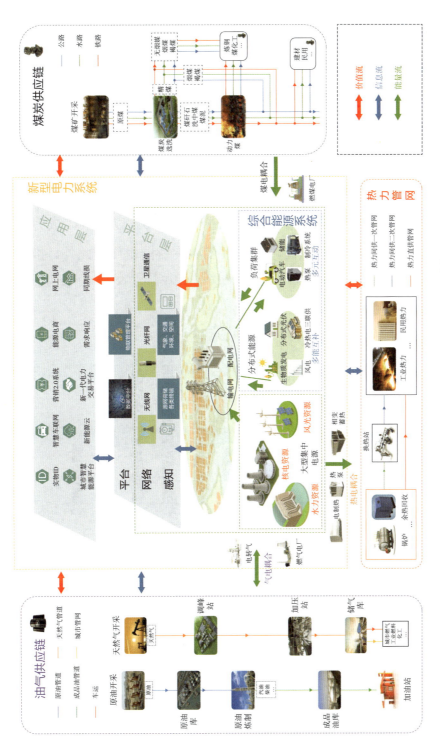

图 3 - 3　新型电力系统形态框架示意[4]

3.3 煤炭开采与洗选

近期持续淘汰落后产能

煤炭开采与洗选业将持续淘汰落后产能，最大限度地提升煤炭开发效率并降低单耗，这是碳减排最重要的途径之一，也是提高煤炭供给质量的重要途径。预计到 2025 年 70％以上煤矿成为先进产能，70％以上煤矿成为智能化矿井。同时，煤炭和新能源、储能将开始逐步实现协同发展。此外，推动地下空间再利用是盘活关闭矿井资产、优化资源配置、保护矿区安全的必然需求。

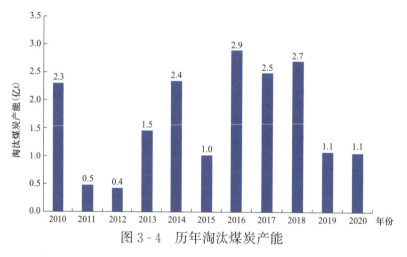

图 3 - 4　历年淘汰煤炭产能

中期主要推进煤炭开采与洗选和新能源耦合发展

顺应新能源快速发展趋势，充分利用采煤沉陷区、工业场地、排土场、巷道等地上地下空间资源及配套设施，发展风能、太阳能、生物质能、地热能、氢能等新能源，因地制宜发展抽水蓄能、压缩空气储能，充分利用清洁能源为煤炭开采与洗选提供清洁低碳动力，另外推进煤矿区以煤电为核心，与太阳能发电、风电和水电协同发展，实现多种电力能源的协同高效开发利用。

图 3-5 煤炭开采与洗选和新能源耦合发展

远期发展应将先进信息通信技术广泛应用于行业

　　随着机器学习、虚拟现实和增强现实、智能传感器、3D 打印、区块链等自动化和数字化技术的创新、推广和应用将为矿业智能化发展提供坚实的技术基础；安全绿色的勘探开采技术（如充填开采技术、煤矸石再利用技术等）与清洁高效的选矿加工技术（如浮选选硫技术、选矿拜耳法技术）将为煤炭开采与洗选业转型升级与高质量发展提供重要动能，提升煤炭资源开发效率，实现先进产能。

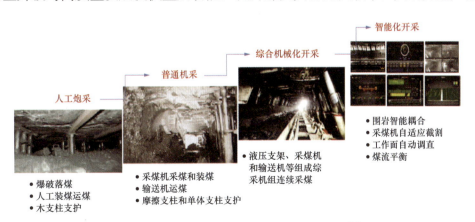

图 3-6 我国采煤技术智能化发展历程[5]

3.4 油 气 开 采

近期重点加大新技术、新装备的使用力度

以降低生产运营过程中产生的碳排为导向，油气开采和炼化企业将加大新技术、新装备的使用力度，替换或升级高排放设备；提高火炬气、伴生气等资源的利用效率。同时，管理能力提升（如石化行业"双碳"平台等）、能源资源高效利用（如换热网络集成优化技术、蒸汽动力系统优化技术、低温余热高效利用技术等）、工艺优化等融合发展将为石化行业低碳转型提供重要保障。

图 3-7 低温余热高效利用技术[6]

中期更加注重自身用能结构的优化，推广油改电/气技术

油气开采行业应更加注重自身用能结构的优化，油气田企业和运输企业可推广"油改电""油改气"技术，使用电力、天然气替代柴油消耗；同时推进地热、太阳能、风能等新能源利用，替代燃煤、燃油或燃气锅炉供热，建设分布式供电系统，推动能源结构清洁化调整。同时，在行业内可推广应用余热产汽、余热发电、余热供暖技术，提高能源利用率；开展蒸汽、电互供合作，实

现热电资源互补和共享。

图 3-8　使用网电钻机进行完井作业

远期油气开采行业将重点提升智能化水平

　　油气开采行业将重点提升智能化水平，基于大数据、人工智能、物联网、云计算、区块链、5G 等信息技术，以感知、互联、数据融合为基础，实现生产过程"实时监控、智能诊断、自动处置、智能优化"的业务新模式，建成覆盖油气勘探、开发与生产，新能源建设与运营，以及经营管理、生产运行、安全环保全领域全业务链的智能化生态应用。

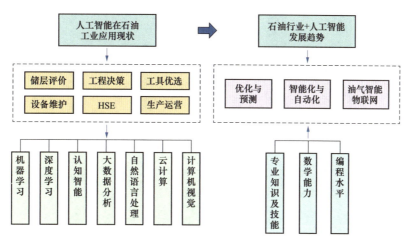

图 3-9　石油工业人工智能发展的现状、趋势与思路[7]

3.5 能效展望

根据模型的基础情景预测值，预计 2025、2030、2060 年，我国火电机组平均供电煤耗分别为 280、250、200gce/（kW·h），厂用电率分别为 4.3%、3.9%、3.1%，全国线路损失率预计分别为 5.5%、5%、4%；原煤开采及洗选综合能耗为 10.8、10.1、8.9kgce/t，炼焦总效率分别为 93.7%、94.6%、96.0%；炼油总效率将分别提升至 96.1%、96.5%、98.0%。

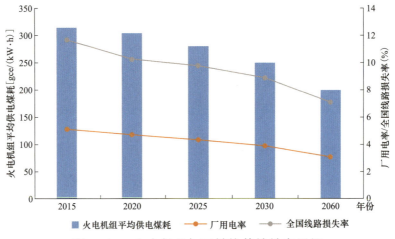

图 3-10　电力行业加工转换传输效率展望

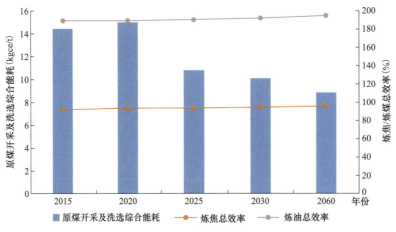

图 3-11　煤炭和油气行业加工转换传输效率展望

（本章撰写人：吴鹏、贾跃龙　审核人：张成龙）

4

工业领域能效提升路径及潜力

4.1 工业能效提升关键举措

调整优化用能结构

重点控制化石能源消费，有序推进钢铁、建材、石化化工、有色金属等行业煤炭减量替代，拓宽电能替代领域，在铸造、玻璃、陶瓷等重点行业推广电锅炉、电窑炉、电加热等技术，开展高温热泵、大功率电热储能锅炉等电能替代，扩大电气化终端用能设备使用比例。

实施节能改造

落实能源消费强度和总量双控制度，实施工业节能改造工程。聚焦钢铁、建材、石化化工、有色金属等重点行业，完善差别电价、阶梯电价等绿色电价政策，鼓励企业对标能耗限额标准先进值或国际先进水平，加快节能技术创新与推广应用。推动制造业主要产品工艺升级与节能技术改造，不断提升工业产品能效水平。

强化节能监督管理

持续开展国家工业专项节能监察，制定节能监察工作计划，聚焦重点企业、重点用能设备，加强节能法律法规、强制性节能标准执行情况监督检查，依法依规查处违法用能行为，跟踪督促、整改落实。全面实施节能诊断和能源审计，鼓励企业采用合同能源管理、能源托管等模式实施改造。

4.2 黑色金属工业

近期加强现有节能技术创新、推进钢铁企业兼并重组

一是利用综合标准依法依规推动落后产能应去尽去，严防"地条钢"死灰复燃和已化解过剩产能复产，健全防范产能过剩长效机制。二是重点围绕低碳冶金、洁净钢冶炼、薄带铸轧、高效轧制、基于大数据的流程管控、节能环保等关键共性技术，加大创新资源投入。三是鼓励重点区域提高淘汰标准，淘汰步进式烧结机、球团竖炉等低效率、高能耗、高污染工艺和设备。四是鼓励钢铁企业跨区域、跨所有制兼并重组，改变部分地区钢铁产业"小散乱"局面，增强企业发展内生动力。

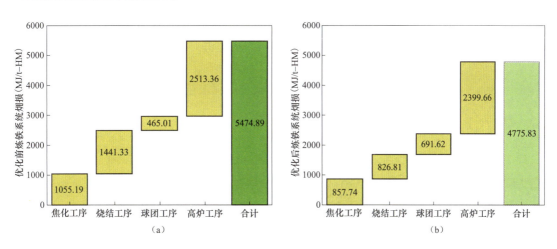

图 4-1　优化前后炼铁系统㶲损情况

（a）优化前炼铁系统㶲损情况；（b）优化后炼铁系统㶲损情况

中期有序发展电炉炼钢、推动高端制造与智能制造

一是推进废钢资源高质高效利用，有序引导电炉炼钢发展，鼓励有条

件的高炉—转炉长流程企业就地改造转型发展电炉短流程炼钢。二是支持钢铁企业瞄准下游产业升级与战略性新兴产业发展方向，重点发展高品质特殊钢、高端装备用特种合金钢、核心基础零部件用钢等小批量、多品种关键钢材。三是推进 5G、工业互联网、人工智能、商用密码、数字孪生等技术在钢铁行业的应用，鼓励企业大力推进智慧物流，探索新一代信息技术在生产和营销各环节的应用，不断提高效率、降低成本。

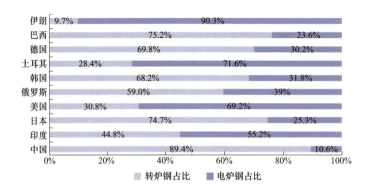

图 4-2　2021 年全球前十大产钢国工艺结构[8]

数据来源：世界钢铁协会。

远期技术创新取得重大突破、管理创新推动高质量发展

一是加快节能降碳冶金先进技术研发和推广应用，推动关键核心技术、工艺和装备取得重大突破，形成成熟的低成本制氢和富氢（或纯氢）冶炼商业化、产业化应用模式，实现钢铁生产过程能效大幅提升。二是加大商业模式创新和管理创新，在实现"双碳"目标中，以减污降碳协同增效助推钢铁行业绿色高质量发展。

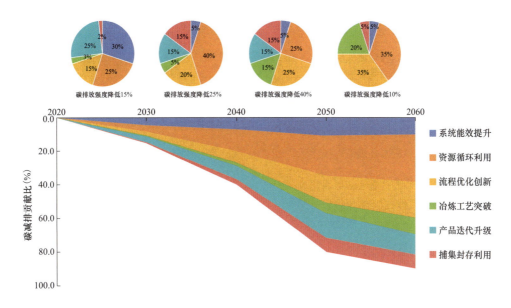

图 4 - 3　中国钢铁工业低碳技术路线贡献图

4.3　有色金属工业

近期推广先进适用技术，完善节能降耗机制

一是优化工艺流程，提高设备效率，促进铜、铝、铅、锌等主要有色金属冶炼领域重大节能降耗先进技术推广应用，开发高效率、短流程、低能耗的加工冶炼技术，升级改进电解槽相关工艺和控制系统。二是严控产能总量，严格执行电解铝产能指标置换规定，落实铝行业准入条件，力争国内氧化铝、电解铝在"十四五"期间达到产能、产量峰值。三是强化能耗、环保、碳排放等精细化管理，提升生产组织过程中的能源管控水平，实现能源的高效梯级利用，不断降低单位工艺能耗。

表 4-1　　　　　　　　　有色金属行业先进节能技术

领域	先进适用技术
铝冶炼	◎新型稳流保温铝电解槽节能改造； ◎电解槽大型化结构优化及智能制造； ◎电解槽能量流优化及预热回收
铜冶炼	◎短流程冶炼、悬浮铜冶炼、铜阳极纯氧燃烧
铅冶炼	◎液态高铅渣直接还原
锌冶炼	◎高效湿法锌冶炼技术； ◎锌精矿大型化焙烧技术； ◎赤铁矿法除铁炼锌工艺

中期推动生产方式向智能、柔性、精细化转变

一是加快智能化改造，推动生产方式向智能、柔性、精细化转变，加快推进节能降耗、碳捕集、碳封存等新技术、新装备、新工艺的技术攻关，加快新材料的研发。二是大力发展再生金属、废弃物资源化等绿色循环产业，打造高效率的有色金属废料闭环回收体系。三是加强人工智能在行业能源管理中的应用。

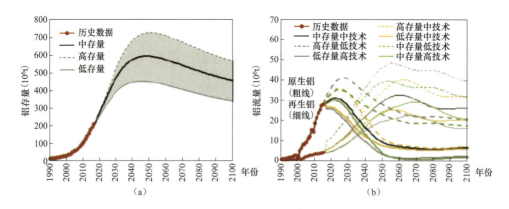

图 4-4　我国 1990—2100 年铝存量和原生铝、再生铝流量[9]

（a）不同情景铝在用存量；（b）不同情景原生铝、再生铝流量

一是开发应用绿色低碳无废技术，加快推进碳捕集、碳封存等新技术成果应用，开展污染物和温室气体协同处置相关技术研发与示范推广，推进具有前瞻性、系统性、战略性、颠覆性的技术研发。二是进一步推进高端化制造，实现有色金属材料链条向高端延伸，发展高性能新材料。

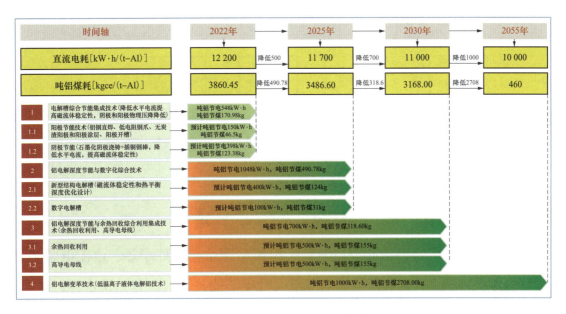

图 4-5　电解铝节能技术路线图

4.4　建筑材料工业

近期低效产能退出、推动节能改造

一是提高行业落后产能淘汰标准，发挥能耗、环保、质量等指标作用，引导能耗高、排放大的低效产能有序退出。二是加强全氧、富氧、电熔等工业窑炉节能降耗技术应用，实施水泥、平板玻璃、建筑卫生陶瓷等生产线节能技术综合改造。

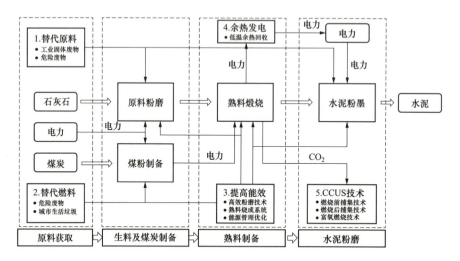

图 4-6　水泥行业主要生产工艺及节能减排措施的应用

中期重点技术突破、原料替代和固废利用

一是重点推广新型低碳胶凝材料，突破玻璃熔窑窑外预热、水泥电窑炉、水泥悬浮沸腾煅烧、窑炉氢能煅烧等重大低碳节能技术。二是加快水泥行业非碳酸盐原料替代，提升玻璃纤维、岩棉、混凝土、水泥制品、路基填充材料、新型墙体和屋面材料生产过程中固废资源利用水平。三是加快推进建材行业与新一代信息技术深度融合，通过数据采集分析、窑炉优化控制等提升能源资源综合利用效率。

远期实现碳捕集利用、绿色制造体系

一是推动窑炉碳捕集、利用与封存技术广泛应用。二是强化建材企业全生命周期绿色管理，大力推行绿色设计，建设绿色工厂，协同控制污染物排放和二氧化碳排放，构建绿色制造体系。

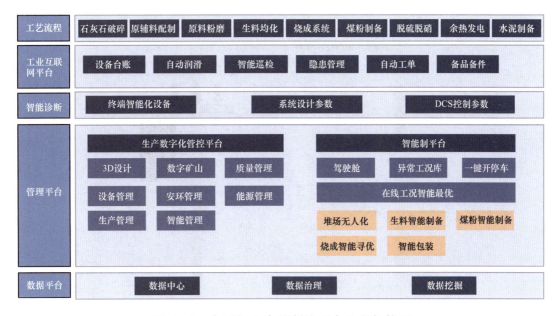

图 4-7 水泥行业先进制造平台业务架构图

4.5 石油和化学工业

近期着力于推动结构调整和转型升级

一是消除过剩产能，优化生产结构，寻求以大型炼化一体化项目为龙头，下游烯烃产业链、芳烃产业链、化工新材料/精细化学品产业链等协同发展。二是积极开展全行业碳普查，建立温室气体排放台账，鼓励先行先试，试点开展碳捕集封存与利用项目，打造 CO_2 近零/净零排放示范工程。三是以降低能耗和减少碳排放为目标，持续加大研发包括以电力为动力的新型加热炉技术、传统石化与新一代信息技术深度融合的智能化技术在内的新技术、新工艺、新设备、新催化剂等技术。

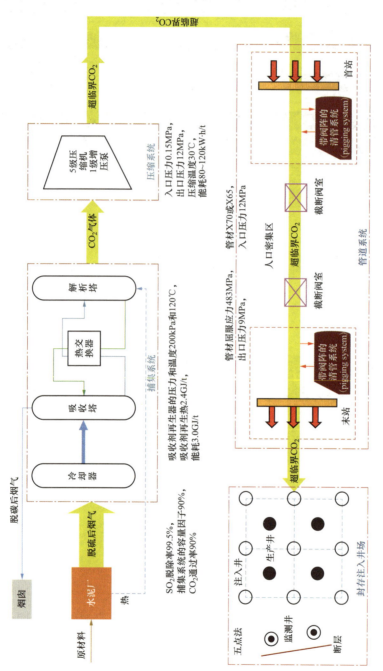

图 4 - 8　水泥企业全流程 CCUS 的技术流程

表 4 - 2　　　　　　　　行 业 脱 碳 技 术 类 别

降碳技术	·能效提升 ·智能化提升过程效率 ·短流程化学品生产 ·组分炼油 ·工艺过程降碳	·工业供热电气化和可再生能源供热 ·低碳基础化学品生产 ·废塑料化学循环 ·减少专用设备单位碳排放
零碳技术	·生物基燃油制造与使用 ·绿氢制造与使用	·风能、太阳能、核能等零碳能源供电
负碳技术	·二氧化碳捕集 ·二氧化碳合成利用（如制备合成气、甲醇）	·二氧化碳生物利用（如海藻养殖） ·二氧化碳地质利用和封存（如强化油气开采）

中期打造低碳管理体系

　　一是围绕新能源汽车、非化石能源等低碳产业发展，开展生态产品设计，减少产品全生命周期碳足迹，带动上下游产业链碳减排，构建低碳产业体系。二是逐步提高覆盖行业碳排放基准，推动企业积极参与碳排放权交易市场建设，促进降低碳排放与购买碳排放配额并举。三是以国家重大科技专项为抓手，重点部署一批具有前瞻性、系统性、战略性、颠覆性的低排放技术研发和创新项目，如以废弃塑料、生物质、天然气等为原料直接制备化学品技术。

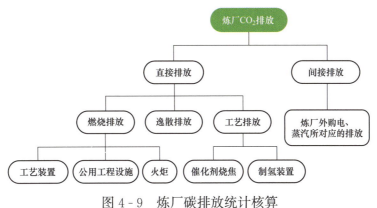

图 4 - 9　炼厂碳排放统计核算

远期构建新型绿色产业链条和零碳生产体系

一是绿氢、CO_2 等取代油气成为石化企业的主要原料，新型行业产业链条基本建立。二是大幅开发具有生态补偿机制的碳汇项目，持续强化和创新碳排放权交易市场、碳资产管理体系建设，基本实现碳市场全行业覆盖。三是地热、核能等新能源及储能技术与新一代信息技术深度融合，实现对煤电的全部替代和气电的绝大部分替代，大规模普及推广碳捕获与封存利用和氢能等新技术，基本实现对传统石油化工领域替代。

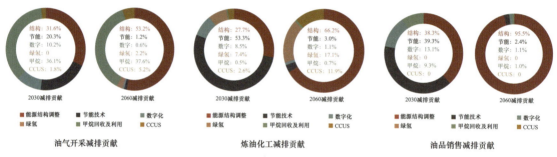

图 4-10　石化和化学工业不同阶段的减排贡献

4.6　能　效　展　望

根据模型的基础情景预测值，预计 2025、2030、2060 年，我国黑色金属行业增加值能耗将分别降至 2.7、2.2、1.5tce/万元，其中，吨钢综合能耗将分别降至 537、511、359kgce/t；有色金属行业 2025、2030、2060 年行业增加值能耗将分别降至 1.5、1.5、1.2toe/万元，其中，电解铝综合电耗将分别降至 12 950、12 820、12 270kW·h/t；建材行业增加值能耗将分别降至 2.0、1.8、1.4tce/万元，其中，水泥综合能耗将分别降至 112、108、98kgce/t，平板玻璃综合能耗将分别降至 11.2、10.8、8.5kgce/重量箱；石化和化工行业增加值能耗分别为 2.1、1.9、1.5tce/万元，其中，乙烯单产能耗分别为 799、789、

770kgce/t，烧碱单产能耗分别为 817、795、720kgce/t。

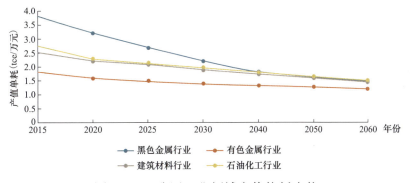

图 4-11 我国工业领域产值能耗走势

（本章撰写人：段金辉、刘小聪、吴陈锐、许传龙 审核人：吴鹏）

5

建筑领域能效提升路径及潜力

5.1 建筑能效提升关键举措

用能结构调整

用能结构和方式更加优化，可再生能源应用更加充分。实施节能绿色改造与清洁取暖，优先支持大气污染防治重点区域利用太阳能、地热、生物质能等可再生能源满足建筑供热、制冷及生活热水等用能需求。将清洁取暖财政政策支持范围扩大到整个北方地区，有序推进散煤替代和既有建筑节能改造工作。

深化节能技术

不断提升围护结构性能，逐步更新建筑节能标准。加强围护结构保温，利用外墙保温技术、门窗保温技术等降低冬季采暖用能需求。推广被动式建筑节能、绿色照明、高效节能家电等技术。充分发展生物质与可再生能源利用技术，推动"被动式建筑"设计，提升材料效率，推广使用低碳材料、高效隔热建筑围护结构以及照明设备和电器。

加强智能管理

随着建筑节能标准的提高，后期围护结构、用能设备的能效提升空间已经不大，将由重视单项技术应用向重视综合应用效果转变，单项技术改造向系统综合改造转变，节能改造向绿色改造转变，广泛利用综合能源技术、清洁能源技术，运行管理向信息化、智能化转变。强化公共建筑运行监管体系建设，统筹分析应用能耗统计、能源审计、能耗监测等数据信息，开展建筑能耗比对和能效评价，逐步实施公共建筑用能管理。

5.2　近期加快太阳能等利用　提升节能标准

强化被动式建造和节能改造标准，提升绿色建筑占比

一是加强保温和被动式太阳能等实现用户侧能效提升，减少建筑能耗需求，针对不同地区、不同类型的住宅，基于建筑热过程分析构建切合实际的用户侧能效提升节能指标体系，并建立起农村居住建筑节能设计的行业标准和国家标准来对节能改造进行科学指导和评估。二是打破单一依赖政府补贴的方式，进一步促进绿色金融产品和服务的落地，通过再贷款、专业化担保、财政贴息等措施加大对清洁取暖项目的支持力度，降低清洁取暖企业融资成本。到2025 年，城镇新建建筑全面执行绿色建筑标准，星级绿色建筑占比达到30％以上，新建政府投资公益性公共建筑和大型公共建筑全部达到一星级以上。

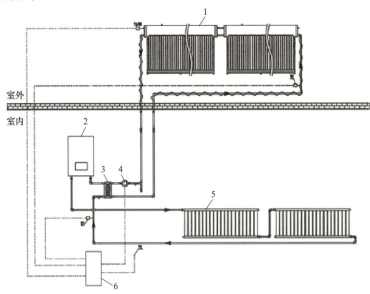

图 5-1　太阳能＋气代煤户用供暖原理图[10]

1—太阳能供暖机；2—燃气采暖炉；3—板式换热器；4—太阳能循环泵；5—散热器；6—云控器

加快太阳能和生物质能应用

一是推进建筑太阳能光伏一体化建设，到2025年新建公共机构建筑、新建厂房屋顶光伏覆盖率力争达到50%。推动既有公共建筑屋顶加装太阳能光伏系统，加快智能光伏应用推广。在太阳能资源较丰富地区及有稳定热水需求的建筑中，积极推广太阳能光热建筑应用。二是因地制宜推进地热能、生物质能应用，推广空气源等各类电动热泵技术。进一步加速生物质能利用技术在农村的推广和产业化，分区域建设"生物质能综合利用示范区"，大力推动生物质能利用从单一原料和产品模式转向原料多元化、产品多样化经济梯级综合利用模式，因地制宜解决农村居民燃料、取暖等问题。

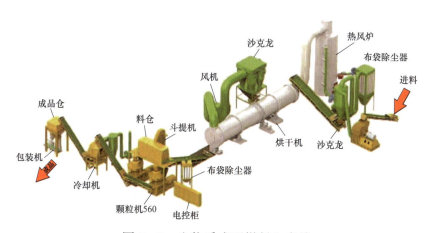

图 5-2　生物质成型燃料生产线

完善供热管道等建筑基础设施用能管理

基础设施体系化、智能化、生态绿色化建设和稳定运行，可以有效减少能源消耗和碳排放。实施30年以上老旧供热管网更新改造工程，加强供热管网保温材料更换，推进供热场站、管网智能化改造，到2030年城市供热管网热损失比 2020 年下降 5 个百分点。完善城市轨道交通站点与周边建筑连廊或地下通道等配套接驳设施，加速提升交通站点建筑用能管理和能效服务水平。

5.3 中期加快建筑电能替代 提升数字化用电能力

重点推进公共建筑能效提升

一是加强节能改造鉴定评估，编制改造专项规划，对具备改造价值和条件的居住建筑要应改尽改，改造部分节能水平应达到现行标准规定。二是持续推进公共建筑能效提升重点城市建设，到 2030 年地级以上重点城市全部完成改造任务，改造后实现整体能效提升 20％以上。推进公共建筑能耗监测和统计分析，逐步实施能耗限额管理。加强空调、照明、电梯等重点用能设备运行调适，提升设备能效，到 2030 年实现公共建筑机电系统的总体能效在现有水平上提升 10％。2030 年前严寒、寒冷地区新建居住建筑本体达到 83％节能要求，夏热冬冷、夏热冬暖、温和地区新建居住建筑本体达到 75％节能要求，新建公共建筑本体达到 78％节能要求。

加速提升建筑电气化水平，充分发挥热电联产效能

一是引导建筑供暖、生活热水、炊事等向电气化发展，到 2030 年建筑用电占建筑能耗比例超过 65％。推动开展新建公共建筑全面电气化，到 2030 年电气化比例达到 20％。推广热泵热水器、高效电炉灶等替代燃气产品，推动高效直流电器与设备应用。探索建筑用电设备智能群控技术，在满足用电需求前提下，合理调配用电负荷，实现电力少增容、不增容。二是根据既有能源

基础设施和经济承受能力，因地制宜探索氢燃料电池分布式热电联供。推动建筑热源端低碳化，综合利用热电联产余热、工业余热、核电余热，根据各地实际情况应用尽用。充分发挥城市热电供热能力，提高城市热电生物质耦合能力。

案例：全电民宿[11]

国网张北县供电公司结合张北县旅游特色和坝上地区光伏资源丰富的优势，在项目建设时与建设方、当地政府共同推动"电供暖＋全电智能家居"的模式，将德胜村部分民宅打造为全电民宿。至今已发展为 96 户颇具规模的现代化、全电气化、智能化的民宿精品工程，促进了当地旅游业的发展。

民宿外景　　　　　　民宿内景 1　　　　　　民宿内景 2

加强建筑用能设备数字化管理

一是推动智能微电网、"光储直柔"、负荷灵活调节、虚拟电厂等技术应用，优先消纳可再生能源电力，主动参与电力需求侧响应。二是推进城市绿色照明，加强城市照明规划、设计、建设运营全过程管理，控制过度亮化和光污染，到 2030 年 LED 等高效节能灯具使用占比超过 80%，30% 以上城市建成照明数字化系统。

案例：山东省寿光市三元朱村冷暖站

三元朱村冷暖站是全省首个"储能＋多能互补＋智慧能源"的供暖制冷工程示范项目，它能够将空气能、太阳能、谷电电能以热能的形式存储在热池罐和冷暖罐中，在需要的时候以热能的形式平稳地释放出来，零污染、零排放。实现夜间使用空气源热泵供暖，并使用储热罐蓄能，白天通过蓄能加上光能提供热量，利用光伏集热器提供附加热能，发挥光、电、热、储多种能源的优势互补，针对集中供暖高峰时段电网负荷特点，减少电网峰谷价差。

5.4 远期加强建筑需求响应能力和智慧用能水平

鼓励建筑参与要求响应，完善金融对清洁采暖的支持

一是普及建筑能耗统计、监测技术，对城区、建筑的用能负荷进行准确预测，优化能源供给及供能网络配置，同时整合分散的负荷和用能需求，完善市场机制，鼓励建筑规模化参与电力需求响应，建立完善的智慧建筑用能新模式。二是支持清洁取暖企业发行绿色债券，支持符合条件的清洁取暖企业上市融资和再融资。合理运用融资租赁、证券化等金融工具，为清洁取暖企业多渠道融资创造条件。

建成智慧供热系统，发展零能耗建筑

以供热信息化和自动化为基础，以信息系统与物理系统深度融合为技术路径，运用物联网、空间定位、云计算、信息安全等"互联网＋"技术感知连接供热系统"源—网—荷—储"全过程中的各种要素，运用大数据、人工智能、建模仿真等技术统筹分析优化系统中的各种资源，构建具有自感知、自分析、自诊断、自优化、自调节、自适应特征的智慧型供热系统。智慧供热平台集数据采集、汇集、分析服务于一体，通过数据采集、汇集、分析、描述、诊断、预测、决策来提高供热资源配置效率，推动建筑用能电、热、冷、气协同规划运行，大范围发展近零能耗建筑、零能耗建筑。

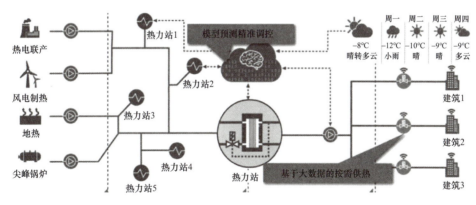

图 5-3 智慧供热机理图[12]

5.5 能效展望

根据模型的基础情景预测值，预计 2025、2030、2060 年，我国北方供暖能耗强度分别为 12、8、6kgce/m²，城镇住宅建筑能耗强度分别为 800、770、640kgce/户，农村住宅建筑能耗强度分别为 1350、1220、1000kgce/户，

公共建筑建筑能耗强度分别为 28、20、14kgce/m^2。

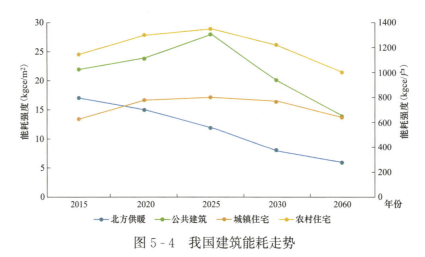

图 5-4 我国建筑能耗走势

（本章撰写人：唐伟、张玉琢 审核人：王成洁）

6

交通领域能效提升
路径及潜力

6.1 交通能效提升关键举措

调整交通运输结构

按照"宜水则水、宜陆则陆、宜空则空"的原则，充分发挥各种运输方式的比较优势和组合效率，加快发展水路、铁路等绿色运输方式。加强公路货运治理，推动大宗货物和中长途货运"公转铁"，进一步降低大宗货物和集装箱中长距离运输的公路分担比例；提高水路货物周转量占比，深入推进港口集疏运"公转水"，加快发展集装箱、铁矿石、煤炭、钢铁等货类铁水联运。

加强交通运输节能降碳技术创新

以节约低碳作为加快转变交通运输发展方式的重要措施和核心内容，充分挖掘交通运输发展各领域、各环节的节能降碳潜力。着力突破加强节能与新能源装备设备的自主研发和创造水平，发展电动化、智能化、共享化交通运输工具。

加强交通运输用能现代化管理水平

统筹优化低碳交通管理机构，建立科学合理的低碳交通管理体制机制；统筹交通基础设施空间布局，提升资源集约利用水平；积极研究制定交通运输低碳技术和模式方面的支持政策；发挥市场在资源配置中的决定性作用，探索差别化的交通管理实施方法。[13]

6.2 近期加快绿色电气化铁路运输和车网互动能力

提升铁路、水路运输比例

现代综合交通运输体系建设取得明显成效，交通运输基础设施、运输装备结构和运输服务结构进一步优化，现代化和集约化水平明显提高。各种运输方式的比较优势得到充分发挥，煤炭、矿石等大宗货物以铁路、水路运输为主的格局基本形成，全社会货物周转量中铁路、水路的承运比例达51%，沿海港口集装箱铁水联运比例达到5%以上，结构减排效应与贡献得到有效挖掘。

加强绿色交通运输能力

低碳交通运输科技创新体系基本建成，创新能力明显增强，形成一批低碳

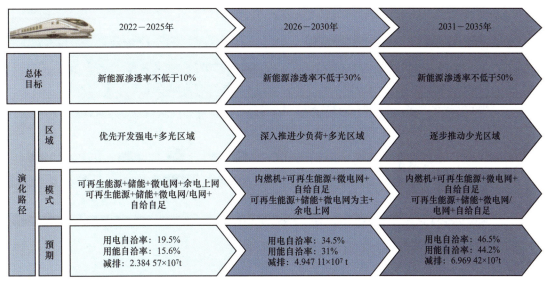

图 6-1 铁路与能源融合发展路线图[14]

交通重大关键技术，节能低碳技术与产品推广应用水平明显提高，科技支撑保障作用明显增强。加强智能化技术的应用，包括新型智能列控技术、智能调度集中系统、北斗定位替代系统在轨道电路上的应用技术等，提高绿色铁路承运比重。

加强交通智能管理水平

利用信息技术和先进模式等手段打造智慧交通体系，最大限度提升运营效率。加快建设综合立体交通网，大力发展以铁路、水路为骨干的多式联运。加快发展新能源，加快构建便利高效、适度超前的充换电网络体系，加强车网互动技术的研发应用，探索推广有序充电、V2G 车网互动等形式，实现电动汽车与电网的系统互动，探索单位和园区内部充电设施开展"光－储－充－放"一体化试点应用。

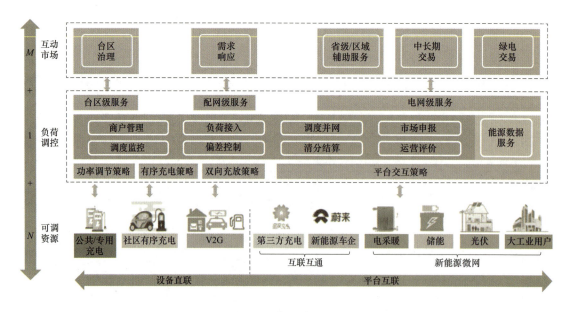

图 6-2　"M＋1＋N"车网互动服务体系

6.3　中期加速优化运输结构和电能替代水平

交通运输结构进一步优化

交通基础设施网络综合覆盖度进一步提升，国内通畅性显著提高，各种运输方式的比较优势得到充分发挥，基本实现"宜水则水、宜陆则陆、宜空则空"；重要港区基本实现铁路进港全覆盖，港口集装箱铁水联运比例显著上升，铁路、水路的货物周转掀承运比例达 54.5%，沿海港口集装箱铁水联运比例达到 10% 以上，结构减排效应与贡献得到充分挖掘。

加快交通运输电能替代

进一步提升新能源车辆占比，轻型车辆中新能源汽车占比达到 18.5%，货运车辆中新能源货车占比达到 10%。研发船用替代能源，优化运力结构，适度在船舶上推广应用太阳能、燃料电池、生物质柴油、液化天然气（LNG）、液化石油气（LPG）等清洁能源，推广使用风力驱动技术。推广应用桥载设备替

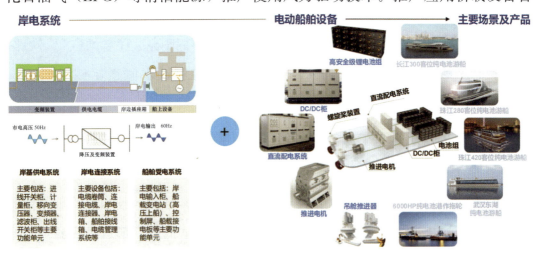

图 6-3　电动船舶与岸电系统主要构成及场景[15]

代飞机 APU、机场廊桥岸电技术、航空发动机减重技术等，年旅客吞吐量超过 500 万人次以上机场的飞机 APU 替代设备实现"应装尽装、应用尽用"。

进一步提升交通领域智慧用能水平

大力推进互联网＋现代交通发展，以互联网为依托，通过运用大数据、人工智能等先进技术手段，实现智慧交通；加快提升交通运输科技创新能力，推进交通基础设施数字化、网联化。利用新技术赋能交通基础设施发展，提高设施利用效率。以数字化、网格化、智能化为主线，以促进交通运输提效能、扩功能、增动能为导向，建立经济高效、绿色集约、智能先进的交通运输领域新型基础设施。

6.4 远期全面实现交通绿色化和智能化

实现各类运输方式有效组合

全面建成资源节约、衔接高效的综合立体交通网，全面形成 TOD 发展模式。绿色运输方式在综合交通运输体系中居于主导地位，各种运输方式的综合优势和组合效率显著提升，实现"宜水则水、宜陆则陆、宜空则空"。铁路、水路承担货物周转量比例达 60％，沿海港口集装箱铁水联运比例达到 30％以上。

交通运输电动化、智能化全面实现

新增运载工具绝大部分使用新能源或清洁能源。结构、技术、管理节能降碳的协同效应，实现交通运输全领域、各环节的清洁低碳，形成与资源环境承载力相匹配、与生产生活生态相协调的低碳综合交通运输体系。新能源汽车占全部轻型车比例达到 85.5％，新能源货车占全部货车比例 50％。加强生物航煤、电气化、氢能等新能源在航空领域的应用比重，进一步加大绿色航空运力。加强能源智能管控平台在交通运输领域的应用。

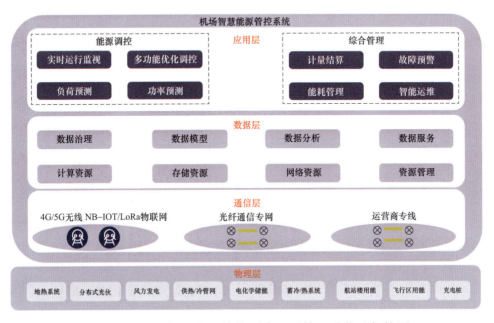

图 6-4　机场智慧能源管控平台（系统）功能及架构图

交通运输低碳治理体系和治理能力现代化全面实现

导向清晰、决策科学、执行有力、激励有效、多元参与、良性互动的低碳交通治理体系全面形成；提升城市、交通和智能汽车跨领域融合发展。绿色出行成为全民自觉习惯，低碳交通文化成为生态文明的重要亮点，交通运输需求管理全面实现科学化、减量化，私人小汽车保有量控制在 200 辆/千人以下。

6.5　能效展望

根据模型的基础情景预测值，预计 2025、2030、2060 年，公路运输单位运输周转量能耗将分别下降至 320、310、264kgce/（万 t•km），水路运输单位运输周转量能耗将分别下降至 29、26、22kgce/（万 t•km），铁路运输单位运输周转量能耗将分别下降至 37、34、24kgce/（万 t•km），航空运输单位运输周转量能耗将分别下降至 4101、4094、3960kgce/（万 t•km）。

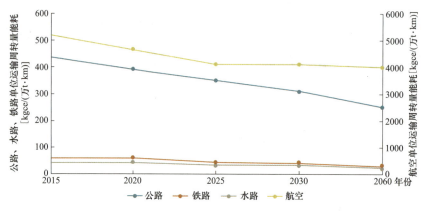

图 6-5　我国交通领域单位运输周转量能耗走势

（本章撰写人：王成洁、张玉琢　审核人：吴鹏）

7

农业领域能效提升路径及潜力

7.1　农业能效提升关键举措

农业领域能效提升主要依托农村地区分布式光伏资源优势，逐步建立绿色低碳的生产生活方式，加速数字化农业发展。

表 7-1　　　　　农业领域技术、结构、管理三大方面提升途径

时间	技术提升路径	结构提升路径	管理提升路径
近期	能源传感器网络在面向农网故障诊断与状态感知、可再生能源装置接入以及 HPLC 智能电能表全覆盖等技术	持续深化能源生产与消费互动融合的能源互联网平台在源—网—荷—储协同互动、虚拟电厂、需求侧响应、车网协同等领域的功能应用	建设"一村一品"示范村镇农业产业强镇、现代农业产业园和优势特色产业集群，构建乡村产业"圈"状发展格局
中期	基于农业信息全景感知，建立数据传输存储机制，实现农业信息的多尺度统合	多能存储、多能转换、多能路由，无线电能传输与能量 Wi-Fi，直流配用电，电动汽车及其与电网互动等以电为中心的包含冷热气元素的综合能源系统产生和发展	主要包括战略县域落地"试验田"、能源数字县域落地"先行者"，助力县域成为"产业兴旺、生态宜居、乡风文明、治理有效、生活富裕"
远期	农业预测预警、智能控制、智能决策、诊断推理以及视觉信息处理等方面的技术应用	因地制宜开发利用农村清洁能源，增加清洁能源供给，重点发展光伏、风电、生物质天然气发电、垃圾焚烧发电、地热发电、储能等多种绿色能源形式，构建绿色低碳能源供给体系	挖掘能源数据价值，对内、对外持续拓展能源增值服务能力，实现能源价值服务"高质效"，从而构建农村能源生态体系

7.2　能　效　展　望

预计 2025、2030、2060 年，农业领域整体能耗分别为 72、68、38kgce/万元，实现高标准农田、全电景区、农产品加工等配套电力设施投入，较 2015 年减少约 50%。粮食生产、农产品加工包装、仓储保鲜、冷链物流等全产业链电能替代，2050 年，农业领域碳排放量降低至 2005 年的一半；电气化、氢能等

在农业领域中的应用比例大幅提升。

（本章撰写人：谭清坤、张玉琢　审核人：张煜）

8

专题研究一：能效关键影响因素体系框架

8.1 能 效 测 度 主 要 指 标

能源效率提升是推动能源转型和节能降碳的最重要手段

国际能源署（IEA）研究报告显示，能效提升是减少碳排放最迅速、最具成本效益的手段之一。

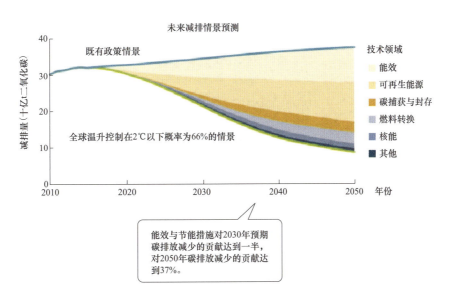

图 8-1 能效提升对碳减排的贡献度

能源效率涉及能源生产、传输、消费全环节

从能源全环节看，能源效率的测算指标主要包括一次能源利用效率、能源转换传输效率、终端能源利用效率。

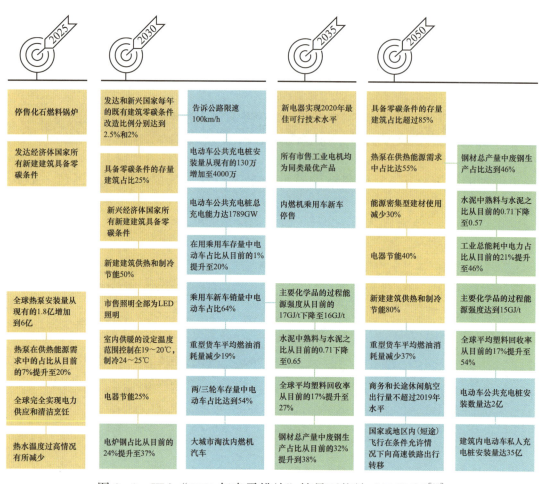

图 8-2　IEA "2050 年净零排放"情景下能效"里程碑"[16]

一次能源利用效率

主要指在能源生产和加工过程中，将初始原材料或资源转化为最终可用能源的效率，如煤炭、石油、天然气等传统能源的开采和生产效率，风能和太阳能等新能源发电的效率

能源转换传输效率

主要指能源从一种形式或来源转换为另一种形式或传输到另一地点的过程中，所损失的能量比例，其直接影响着能源系统的可持续性、经济性和环境影响

能源效率

终端能源利用效率

指最终被用户实际利用的能量占总能源输入的比例，它衡量了有多少能量被有效地转化为有用的输出，其主要受到终端用能技术、用能行为等影响

图 8-3　能源效率

8.1.1 一次能源利用效率

一次能源利用效率受开采加工技术、设备效率、天气等影响

不同能源品种具有不同的生产和加工过程，因此它们的效率和影响因素也会有所不同。

◎化石能源生产加工主要受采掘技术、加工技术、设备效率等影响。采用先进的采掘技术可以提高燃料的采集效率；高效的炼油、气体提取和煤炭处理技术可以提高产出率；使用高效的设备和机械可以减少能源在生产和加工过程中的损失。

◎新能源生产加工主要受设备效率、天气条件、并网条件等影响。高效的风力发电机、太阳能电池板和水力发电机可以提高能源转换效率；天气对于可再生能源的可利用程度影响较大，稳定的天气有助于提高能源产量；智能电网技术可以优化能源分配和利用，提高系统效率。

图 8-4 油气开采

图 8-5　新能源发电

8.1.2　能源转换传输效率

能源转换传输效率受反应条件、传输距离、传输方式等影响

能源转换传输过程中可能会有能量损失，这取决于所用技术、设备和操作方式。

图 8-6　油气管道传输

◎能源转换过程中的损失主要包括热损失和机械损耗等，通过热回收、催化剂的使用以及反应条件的控制、改进设备设计和润滑等方式提高技术效率和化学反应效率，可以降低能源转换损失。

◎能源传输过程损失主要受到传输距离、管道材料、电阻损失等影响。减少传输距离、使用低电阻和高导热性的材料、优化输电线路设计、特高压传输等方式可以降低传输损耗。

图 8 - 7　特高压电网

8.1.3　终端能源利用效率

终端能源利用效率受政策、技术、市场、管理等多重因素影响

终端用能是由人类活动行为（包括生产生活）直接引起的能源消费，占能源全环节能源消费比重最高，是碳排放最多的环节，因此也是节能、提效、降碳主要措施的重点实施环节。从用能领域看，主要包括工业领域、建筑领域、交通领域、农业领域；从用能品种看，主要包括煤、油、气、电、热及其他。终端能源消费主要受到政策引导、用能技术、市场机制、标准体系、组织体

125

系、金融支持等影响。

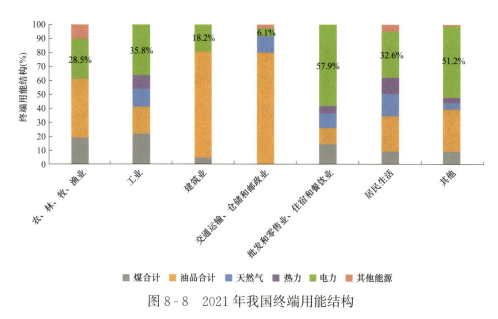

图 8-8　2021 年我国终端用能结构

8.2　能效水平影响因素

能效水平提升需要多市场主体协同助力和多因素耦合发展

　　能源效率的变化是一个复杂的过程，其影响因素包括政策法规、标准体系、技术创新、市场交易、能效管理、金融支持等。这些要素之间的协同耦合关系形成了一个综合性的动态复杂系统，并作用于政府部门、能源供应商（如发电企业、油气开采企业等）、能源服务商（如电网公司、油气服务公司、综合能源服务商等）和能源用户等市场主体，共同促进能源效率的提升。它们相互支持、相互促进，推动社会朝着更加可持续和高效的能源利用方向发展。

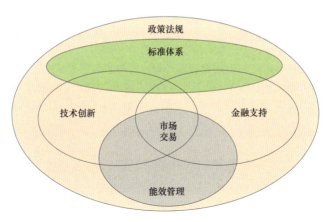

图 8 - 9　能效主要影响因素间的协同耦合关系

表 8 - 1　　　　　　　　　　　能效水平主要影响因素

因素	影响机理	主要类别
政策	政策可以通过激励措施，如能源效率补贴、税收优惠和奖励计划，鼓励企业和个人采取节能措施。此外，政府还可以颁布法规和法律来强制实施一定的能源效率标准，例如对建筑物、车辆和工业设备的能效要求。政策还可以通过信息披露要求和能源报告制度来提高能源效率意识，推动可持续能源发展	规划类、用能类、技术类、数字化类、标准类、市场类、金融类
技术	新兴技术，如智能控制系统、高效照明、可再生能源和能源储存技术，可以降低能源消耗并优化能源使用。新技术的引入可以改善生产过程、交通系统、建筑设计等领域的能源效率。技术的不断进步为提高能源效率提供了持续的动力	工业和信息化、居民和商业建筑、交通运输
标准	制定统一的标准可以确保产品和设备在能源效率方面达到一定的水平。这可以激励制造商生产更节能的产品，同时也为消费者提供了选择具有较高能效的选项。标准的制定还可以在不同行业内推动能源效率的发展，促进整体能源消耗的降低	基础通用类、碳减排类、碳清除类、市场化机制类
市场	市场交易机制通过价格信号和竞争机制反映供需关系，激励企业和个人采取更节能的措施，促使投资于能源效率技术创新，引导企业投资节能技术，为可持续能源发展营造良好环境	电力市场、绿色证书交易、碳市场
金融	投资者和金融机构可以通过提供资金来支持新技术的研发和实施，加速能源效率的提升。金融机构还可以提供贷款和融资方案，帮助企业进行能源效率改进和升级。金融支持可以降低实施节能项目的财务风险，促进更广泛的能源效率投资	贷款和融资、绿色债券和绿色信贷、补贴和奖励

续表

因素	影 响 机 理	主要类别
管理	企业和机构可以通过制定能源管理计划、监测能源使用情况、识别潜在的节能机会以及培训员工等方式来优化能源使用。管理层面的努力可以帮助降低能源浪费、减少成本并提高整体生产效率	能效服务、能源审计、能源管理系统

能效影响因素间的协同及与市场主体间的关系

政策体系与标准体系的协同

政策和法规为能源效率制定了框架，而标准则确保了技术和产品在高效能源利用方面的一致性。政策可以推动制定和实施标准，标准则为政策提供了执行的具体依据

技术应用与标准体系的协同

标准可以推动技术的创新和采用，促使企业设计和生产更加能效的产品和解决方案。技术的进步可以反过来满足标准的要求，并在不断改进中提高能源效率

金融支持与技术应用的协同

金融支持可以促使企业和个人在能源效率方面进行投资，推动技术的开发和采用。这些资金可以用于研发、生产和推广高效能源技术，从而进一步提升能源效率

市场交易与金融支持的协同

市场交易机制，如能源效率证书和碳排放交易，可以为能效项目提供经济激励，鼓励投资者和企业采用能源效率措施。金融支持可以为参与市场交易的各方提供资金支持和保障

能效服务与技术应用的协同	能效服务提供商通过提供技术评估、监测和解决方案，帮助企业和个人实施更有效的能源提升措施，以确保技术应用的有效实施和持续改进
市场交易与能效服务的协同	市场交易可以为能效服务提供商创造商机，鼓励他们为客户提供更多定制化的节能解决方案。能效服务可以帮助客户满足市场交易的要求，获得经济回报

表 8-2 　　　　　　　　　能效影响因素与市场主体间的关系

因素	政府部门	能源供应商	能源服务商	能源用户
政策体系	监管和执行能源效率政策，确保政策的有效实施，定期评估能源效率进展。提供能源效率培训、技术支持和信息交流	要求能源供应商遵守一系列法规和标准，以确保其能源生产和供应过程具有高度的能效。加剧市场竞争，促使供应商不断创新，以满足市场需求	随着能效政策的实施，企业和个人可能会寻求专业的咨询和服务，以了解如何提高其能源效率。这对能源服务商来说可能会增加客户的需求，为其提供更多的业务机会	能源用户需要遵守国家和地区的节能法规和标准，以确保其运营活动在法律框架内。通过税收激励、补贴计划和能源效率目标，鼓励能源用户采取节能措施。违反法规可能会导致罚款或其他法律后果
技术与标准	制定和推广能源效率的技术标准，以确保国家的能源消耗和排放水平达到可持续发展的要求	使能源供应商能够更有效地生产和分配能源，从而降低了生产和运营成本。帮助能源供应商更好地管理和优化能源资源，减少浪费，提高资源的可持续性。提高能源供应商的竞争力，吸引更多客户，因为效率更高、成本更低	扩大了能源服务商的服务领域，使其能够提供更多的能源管理和优化解决方案。允许能源服务商为客户提供更具价值的能源咨询、监控和管理服务，帮助他们降低能源成本	技术标准确保市场上的能效技术产品符合一定的质量和性能要求，使能源用户能够选择可靠的产品，减少风险。技术标准推动了市场上的竞争，鼓励企业不断提高产品的能效水平，从而为能源用户提供更多选择

因素	政府部门	能源供应商	能源服务商	能源用户
市场交易	通过制定合适的市场机制和监管机制引导市场交易	增加了能源供应商之间的竞争，迫使寻求更有效的生产和分配方法，以降低成本并提高能源效率	促使能源服务商提供定制化的能源管理和优化方案，以满足不同客户的需求，从而提高能效。为能源服务商提供资金来源，支持他们在研发和实施新的能效技术和项目方面的努力	通过能源价格信号激励用户采取更节能的行为。高能源价格鼓励用户节省能源，降低其用能成本。为用户提供了更多选择，例如可再生能源和能源储存技术，以满足其能源需求，同时提高效率
绿色金融	提供激励措施，制定相应标准，如税收优惠、补贴和贷款担保，以吸引私人资本投资绿色项目	为能源供应商提供了资金，用于采购和实施能效技术，例如更高效的能源生产和分配设备	扩大其能源管理和优化服务的规模。研发新的能效解决方案和技术。帮助客户实施可持续的能源项目，促进清洁能源和可再生能源的采用	为能源用户提供资金，用于实施能源效率改进项目。提供低利率贷款或政府补贴，以鼓励能源用户采取节能措施。与能源用户共担风险，例如与用户签订性能契约，确保能源效率改进项目的成功，从而降低用户的投资风险
能效管理	通过宣传引导鼓励企业和个人采取能效改进措施，提高节能降碳意识，从而降低能源消耗和环境影响	降低能源供应商的运营成本，通过提高能源生产和分配的效率来实现。有助于能源供应商更有效地管理能源资源，减少能源浪费，从而提高资源的可持续性	为客户提供更具价值的能源管理和咨询服务，帮助客户降低能源成本。通过持续监控和改进客户的能源系统，能源服务商可以建立长期的合作关系，提供持续的服务，并实现稳定的收入流	能效服务通常包括专业咨询，根据客户的需求定制解决方案，帮助用户制定节能策略和投资决策，以满足其特定的能源管理目标。提供能源使用的监测和管理，有助于优化能源使用，降低成本

8.2.1　政策体系

我国能效政策体系不断完善

随着我国碳达峰"1＋N"政策体系的逐渐建立，节能与能效政策体系也不断完善，在能源发展总体规划的指引下，针对终端用能领域和能效关键影响因素均出台了专项支持政策。

表 8 - 3　　　　　　　　　　我 国 能 效 政 策 体 系

总体规划		《关于完整准确全面贯彻新发展理念做好碳达峰碳中和工作的意见》《2030 年前碳达峰行动方案》（国发〔2021〕323 号）、《"十四五"节能减排综合工作方案》（国发〔2021〕33 号）、《关于完善能源绿色低碳转型体制机制和政策措施的意见》（发改能源〔2022〕206 号）、《完善能源消费强度和总量双控制度方案》（发改环资〔2021〕1310 号）、《"十四五"现代能源体系规划》（发改能源〔2022〕210 号）、《关于做好可再生能源绿色电力证书全覆盖工作促进可再生能源电力消费的通知》（发改能源〔2023〕1044 号）、《电力需求侧管理办法（2023 年版）》（发改运行规〔2023〕1283 号）
工业	总体	《"十四五"工业绿色发展规划》（工信部规〔2021〕178 号）、《促进工业经济平稳增长的若干政策》（发改产业〔2022〕273 号）、《工业领域碳达峰实施方案》（工信部联节〔2022〕88 号）、《工业能效提升行动计划》（工信部联节〔2022〕76 号）
	钢铁	《关于促进钢铁工业高质量发展的指导意见》（工信部联原〔2022〕6 号）、《高耗能行业重点领域节能降碳改造升级实施指南（2022 年版）》（发改产业〔2022〕200 号）
	有色、石化、建材	《关于严格能效约束推动重点领域节能降碳的若干意见》（发改产业〔2021〕1464 号）、《关于"十四五"推动石化化工行业高质量发展的指导意见》（工信部联原〔2022〕34 号）、《高耗能行业重点领域节能降碳改造升级实施指南（2022 年版）》（发改产业〔2022〕200 号）
	轻工业	《轻工业重点领域碳达峰实施方案》（中轻联综合〔2023〕89 号）
	纺织品、化纤	《关于产业用纺织品行业高质量发展的指导意见》（工信部联消费〔2022〕44 号）、《关于化纤工业高质量发展的指导意见》（工信部联消费〔2022〕43 号）
	原材料	《"十四五"原材料工业发展规划》（工信部联规〔2021〕212 号）

续表

建筑	《绿色建筑创建行动方案》（建标〔2020〕65 号）、《贯彻落实碳达峰碳中和目标要求推动数据中心和 5G 等新型基础设施绿色高质量发展实施方案》（发改高技〔2021〕1742 号）、《"十四五"建筑节能与绿色建筑发展规划》（建标〔2022〕24 号）、《"十四五"建筑业发展规划》（建市〔2022〕11 号）、《"十四五"住房和城乡建设科技发展规划》（建标〔2022〕23 号）、《城乡建设领域碳达峰实施方案》（建标〔2022〕53 号）
交通	《"十四五"现代综合交通运输体系发展规划》（国发〔2021〕27 号）、《交通领域科技创新中长期发展规划纲要（2021—2035 年）》（交科技发〔2022〕11 号）
农业	《农业绿色发展技术导则（2018—2030 年）》（农科教发〔2018〕3 号）、《"十四五"推进农业农村现代化规划》（国发〔2021〕25 号）、《"十四五"全国农业绿色发展规划》（农规发〔2021〕8 号）
技术创新	《"十四五"能源领域科技创新规划》（国能发科技〔2021〕58 号）、《"十四五"信息化和工业化深度融合发展规划》（工信部规〔2021〕182 号）、《科技支撑碳达峰碳中和实施方案（2022—2030 年）》（国科发社〔2022〕157 号）、《关于进一步推进电能替代的指导意见》（发改能源〔2022〕353 号）、《国家重点推广的低碳技术目录（第四批）》（环办气候函〔2022〕484 号）、《国家工业和信息化领域节能技术装备推荐目录（2022 年版）》
数字化智能化	《"十四五"数字经济发展规划》（国发〔2021〕29 号）、《国家能源局关于加快推进能源数字化智能化发展的若干意见》
标准提升	《能源碳达峰碳中和标准化提升行动计划》《计量发展规划（2021—2035 年）》（国发〔2021〕37 号）、《碳达峰碳中和标准体系建设指南》（国标委联〔2023〕19 号）、《绿色交通标准体系（2022 年）》（交办科技〔2022〕36 号）
金融支持	《财政支持做好碳达峰碳中和工作的意见》（财资环〔2022〕53 号）、《金融标准化"十四五"发展规划》（银发〔2022〕18 号）、《中国银保监会关于印发银行业保险业绿色金融指引的通知》（银保监发〔2022〕15 号）
市场及监管	《"十四五"市场监管科技发展规划》（国市监科财发〔2022〕29 号）、《关于加快建设全国统一电力市场体系的指导意见》（发改体改〔2022〕118 号）、《绿色电力交易试点工作方案》（发改体改〔2021〕1260 号）、《要素市场化配置综合改革试点总体方案》（国办发〔2021〕51 号）

8.2.2 技术创新

坚持创新的核心地位，能效技术水平不断提高

我国始终坚持创新在现代化建设全局中的核心地位，持续推进能源科技创新，能源技术水平不断提高，技术进步成为推动能源发展动力变革的基本力量。未来，我国将持续发挥科技创新第一动力作用，完善能源科技创新政策顶层设计，建设多元化多层次能源科技创新平台，开展能源重大领域协同科技创新，依托重大能源工程提升能源技术装备水平，支持新技术新模式新业态发展。

8.2.3 标准体系

"双碳"目标引导下的能效标准体系正逐步建立

在能耗双控逐步转向碳排放双控的过程中，标准体系也从能效标准逐步扩展到碳排放标准。国家标准委发布的《碳达峰碳中和标准体系建设指南》（国标委联〔2023〕19号）要求围绕基础通用标准，以及碳减排、碳清除、碳市场等发展需求，基本建成碳达峰碳中和标准体系。

8.2.4 市场交易

多交易市场协同发展助力能源全产业链效率升

我国将在全国统一大市场指导下，协同推进电力交易、绿证交易和碳排放权交易等能源市场，从而提高新能源消纳、优化电力资源配置、减少二氧化碳排放。

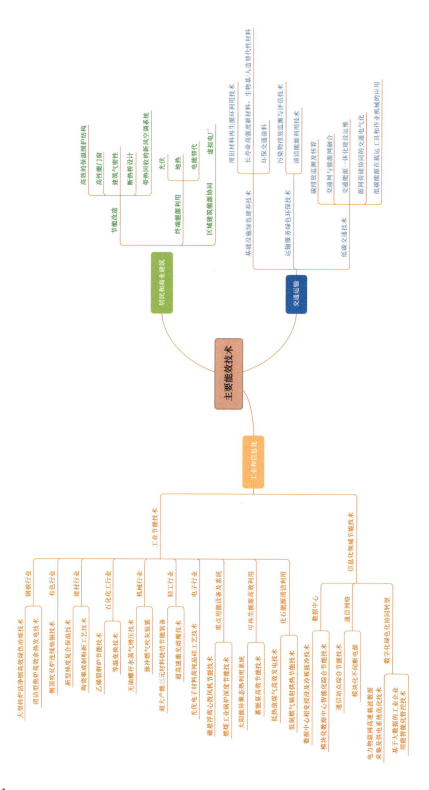

图 8 - 10　用能领域主要能效技术[17]

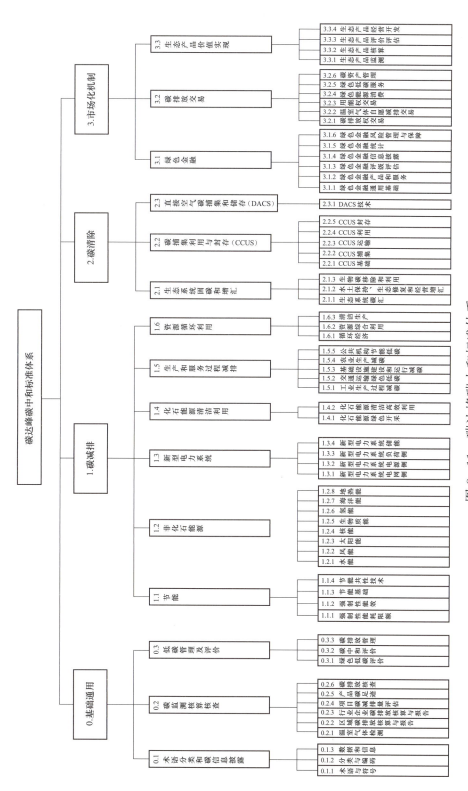

图 8 - 11　碳达峰碳中和标准体系

表 8-4 主要市场机制及影响机理

项目	市场机制	影响机理
电力交易	电力供应商和电力用户根据供需情况和成本因素进行直接交易，确保电力资源在不同时间段得以合理分配，从而避免了资源浪费和过度投资。通过市场定价和竞争机制，电力产业受到激励进行技术创新和效率提升，进一步降低能源消耗和排放。这一机制有效促进了能源的可持续利用，推动了整个社会向更加环保和可持续的能源体系转型	通过交易机制实现电力资源优化配置和节能提效
绿色证书交易	可再生能源发电厂产生的每单位电力都会生成一个绿色能源证书（绿证）。电力市场中的发电商可以将这些绿证出售给需要履行可再生能源配额的购电商，如传统发电企业等，以证明自己对环保的贡献。购电商获得这些绿证后，可以用来满足法规或市场要求中的可再生能源配额，从而避免罚款或违规。这一机制不仅刺激了清洁能源发电的扩大，还促进了可再生能源技术的研发和应用，推动了能源结构向更加环保和可持续的方向转变	绿证交易作为提高清洁能源发电占比的市场机制，旨在激励和奖励可再生能源发电
碳排放权交易	政府或国际组织设定国家或地区的总碳排放配额，将其分割为排放权。企业和组织拥有相应数量的排放权，代表其可排放的二氧化碳等温室气体量。如果某企业排放量低于其拥有的排放权，便可以出售多余的权益；相反，如果排放量超过权益，就需要从市场上购买额外的排放权。这种机制刺激了企业采取更环保的措施，以减少排放并节约成本，同时也为那些难以降低排放的企业提供了一种灵活的合规方式。这种市场机制通过经济激励推动减排，有助于实现全球碳减排目标	直接作用于二氧化碳减排

8.2.5 金融支持

我国建成了世界上最大的绿色金融市场之一，是能效提升的重要支撑

我国绿色信贷、绿色债券等绿色金融产品的市场规模和发行量均迅速增长，新兴的绿色投融资工具市场已经初具雏形，碳定价机制也在逐步完善中。

贷款和融资计划 金融机构可以提供专门的贷款和融资计划，用于支持企业、个人采取能源效率改进措施，如更换高效设备或实施节能改造

绿色债券和 绿色信贷	发行绿色债券或提供绿色信贷，将募集的资金用于支持能源效率项目，吸引投资者参与环保领域
补贴和 奖励计划	政府可以通过提供税收减免、奖励金或补贴来激励企业和个人投资于能源效率改进

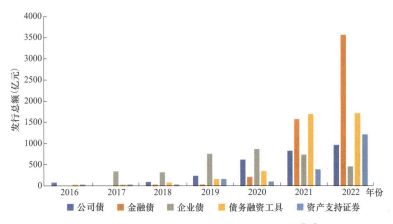

图 8-12　我国各类绿色债券发行情况[18]

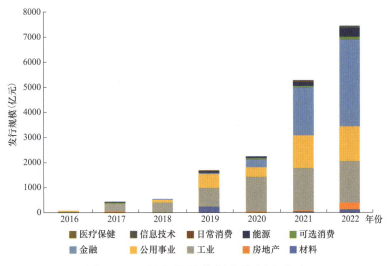

图 8-13　绿色债券发行主体行业分布

8.2.6 能效管理

我国能效管理商业模式仍处于探索阶段

近年来，我国能效管理体系逐步建立，市场商业模式逐渐兴起。

能效服务

目前的能效服务主要面向终端用户开展，未来将朝着源网荷储一体化服务方向发展，打造多能互补的能源服务系统。

能源审计

通过详细的能源消耗分析，企业可以了解能源使用情况，找出能源浪费的领域，并制定改进计划，这有助于识别潜在的节能机会。

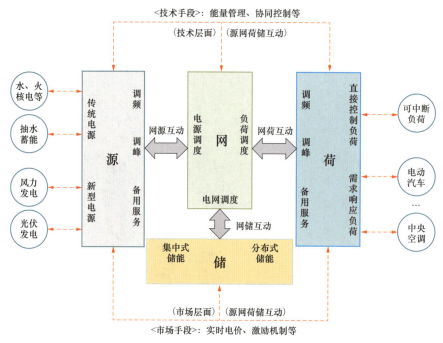

图 8-14 "源—网—荷—储"协同互动机制

能源管理系统	引入能源管理系统帮助企业更好地监测、分析和管理能源消耗。使用智能监测系统来实时监控能源消耗情况，及时发现异常情况并进行调整。智能控制系统可以自动调整设备运行参数，以最佳方式使用能源。

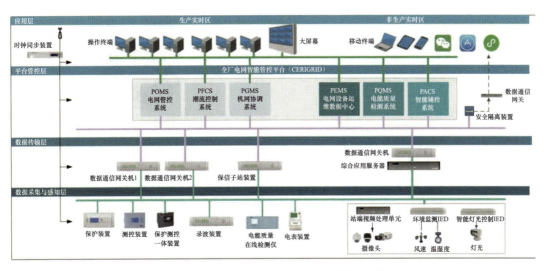

图 8-15　钢铁行业电网智能管控系统

（本章撰写人：张玉琢　审核人：吴鹏）

9

专题研究二：典型国家
能效提升经验启示

一些发达国家能效管理已取得了重要成效

一些发达国家的能效管理措施实施的比较早，发展至今，相关政策体系和管理机制已比较成熟，清洁能源利用占一次能源消费比重持续提高，非化石能源的终端利用率显著提升，能源消费与碳排放已实现脱钩，碳排放已达峰值。[19]

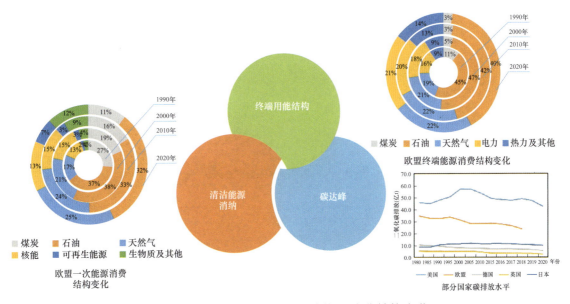

图 9-1　欧盟一次能源和终端能源消费结构变化

9.1　德　　国

德国能源消费及能效情况

▶**德国能源消费总量呈整体稳定趋势**。德国作为发达国家，能源消费总量始终保持相对平稳水平，2020 年为 3.1 亿 tce，1970－2020 年间，年均增速基本为零。与此同时，受日本福岛核电站后核电发展进度缓慢影响，德国 2019 年能源自给率仅有 32.9％，俄乌战争爆发后进一步下降至 30％左右。

▶**德国能效水平持续攀升，属于世界最先进水平。**随着德国经济结构转型加速，节能意识不断增强，以及先进技术持续应用，德国能效水平自 1970 年以来持续提升，2020 年单位增加值能耗仅为 0.26tce/万美元，属于世界最先进水平。[20]

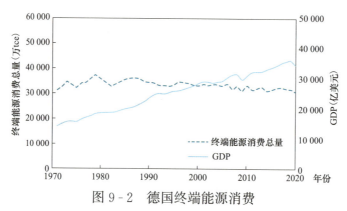

图 9-2　德国终端能源消费

图 9-3　德国单位 GDP 能耗

德国节约高效绿色用能政策体系

德国高度重视能源转型发展，围绕"**减少温室气体排放、扩大可再生能源、提高能源效率**"三个核心目标，形成了"战略＋法律＋条例"法律体系。

▶**能源战略：**德国政府 2010 年发布《能源方案》，提出环保、可靠、可支付的能源供应目标，明确了德国可再生能源时代的发展道路，并提出退出核能的决议。

▶**核心法律**：德国政府针对三大目标，先后出台了《能源经济法》《可再生能源法》《能源安全法》《联邦排放控制法》等核心法律，旨在确保能源安全、经济和环保。

▶**联邦法令**：在核心法律基础上，联邦政府针对性出台了《可再生能源条例》《充电桩条例》《可中断负荷条例》等法令，旨在进一步提升核心法律的可操作性。

图 9-4　德国能源方案主要法律

德国节约高效绿色用能法律法规体系走在世界前列，相较于我国而言，在**政策完备性**、**目标可查性**、**任务协调性**、**部门协同性**四个方面具有较高的借鉴意义。

01 政策完备性

■　德国依托《能源方案》，面向能源全领域、全环节构建了数十项相关法律及法令，最大程度做到了法律法规全覆盖。

■　德国将能源长期计划写入法律，依靠法律的确定性增加规划可行度，为投资者、参与者提供了根本法治保障。

02 目标可查性

- 在各种法律中都可以找到具体的目标，如《气候保护法》中的减排目标、《建筑能源法》2024 中对新供热系统的最低要求。
- 相关法律进一步制定了监督程序及核查周期，进一步确保目标的实施进度，并为特殊情况下及时调整目标提供支撑。

03 任务协调性

- 德国作为联邦制国家，形成了"联邦－州－市"三级法律法规体系，各级法律之间具备横向、纵向高效协同特征，例如不同州、市参与可再生能源开发的进度安排等。
- 法律同时规定，联邦政府在未与各州和各市协调其可行性的情况下，不得制定任何总体目标。

04 部门协同性

- 德国在法律法规中尤其强调先进技术的应用，并推动电力、供热、交通/工业等多部门之间的耦合。
- 其中，重点提出通过能源基础设施、政策、市场机制以及数字技术，推动多部门在措施开展方面高效协同。

德国节约高效绿色用能技术创新

2022 年德国联邦政府制定了《未来研究与创新战略》草案，以保护自然生存基础，确保德国的国际竞争力，增强社会的复原力，并保证其自身的经济实力。其中，重点明确了五大方面的技术路线。

▶**建筑节能技术**：主要包括高效隔热技术、能源管理技术和热泵技术。

▶**工业节能技术**：主要包括高效照明技术、节能型电机和驱动系统等。

▶**交通运输节能技术：**主要包括电动交通工具、公共交通优化车辆轻量化等。

▶**可再生能源技术：**主要包括太阳能技术、风能技术等。

▶**储能技术：**主要包括电池储能系统、储热系统等。

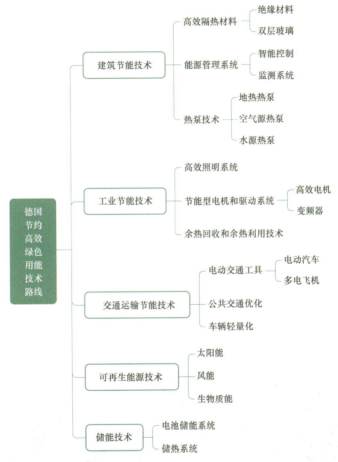

图 9-5　德国节约高效绿色用能技术路线

德国节约高效绿色用能市场机制

德国节约高效绿色用能市场在**信息咨询及服务**方面独具特色，形成了**框架完备、咨询专业、支撑高效**的节能提效产业体系。

▶**形成完备产业框架体系**。德国按照"提供信息、提供要求、提供帮助"三大基本理念，构建了信息披露、咨询和标准制定、资金技术辅助相融合的产业体系。

▶**成立专业咨询服务部门**。德国能效署成立了信息咨询服务部门，为企业及个人提供能效评估、政策信息和技术咨询服务等全链条咨询服务，根据用户能效现状、实际需求及有关规定，制定差异化、个性化节能服务策略。

▶**加强技术资金支持力度**。德国能源署和复兴银行为企业和家庭进行节能改造提供了技术咨询、现场指导和资金支持。

典型案例：

德国复兴信贷银行针对家庭及企业建筑提供"节能翻新"计划。

◎计划参与业主可获得最高 10 万欧元的建筑节能翻新贷款。

◎德国复兴银行将根据建筑翻新后的节能等级，承担最高 27.5％的还款额度。

◎该银行同时为业主提供最高 50％的专业规划和施工监督费用（最高4000 欧元）。

德国节约高效绿色用能宣传引导

德国节约高效绿色宣传和引导的方式包括联邦政府宣传引导、企业示范、社会组织合作。通过多主体的宣传和引导，提高公众对节能减排的认识和参与度，推动可持续能源和绿色用能的发展。

▶**政府宣传引导**：德国联邦政府定期开展可再生能源日、能源节约周等宣传活动。在活动期间，政府组织讲座、竞赛、展览等宣传教育活动，向公众介绍节约高效绿色用能的重要性。

▶**企业示范**：德国的企业在节约高效绿色用能方面发挥着示范和引领作用。如西门子等企业通过自身的实践和创新，向公众展示节能减排的好处和可行性，并通过宣传活动和可持续发展报告等方式，向公众传达企业在节约高效绿色用能方面的努力和成果。

▶**社会组织合作**：德国的环保组织和非政府组织也积极参与绿色用能宣传。它们通过举办各种活动、社交媒体等渠道，向公众传达环保知识。

典型案例：西门子可持续城市计划及能源效率巡回展

◎西门子组织了能源效率巡回展，向企业和公众展示他们在能源效率方面的解决方案，并通过实际案例、产品展示和专家讲座，向参与者介绍如何通过西门子的技术和解决方案实现能源节约和环保效益。

◎西门子通过"可持续城市计划"，与城市合作推动可持续发展。他们提供城市规划、智能交通、能源管理和建筑自动化等方面的解决方案，帮助城市实现绿色用能和可持续发展的目标。

9.2　美　　国

9.2.1　美国高效绿色用能政策体系

美国节约高效绿色用能政策突出"能源独立""环境保护""经济发展"三条主线，先后出台多项能源顶层设计，以及联邦、州以及地方三级法律法规，形成涵盖完善、层次清晰的政策体系。

能源战略顶层设计方面，当前主要包含《美国长期战略：2050 年实现净零温室气体排放的路径》《联邦可持续发展计划》等，为全国能源整体发展提供宏观方向和具体指引。三级法律法规方面，在明确的能源战略下，联邦政府先后出台《清洁空气法》《能源安全法》《能源政策法案》等法律法规，各州、地方在其基础上，结合当地特点，因地制宜进行进一步细化，形成职责界面清晰、可操作、可落地的法律法规体系。

在相关政策下，相较于欧洲等发达国家，美国尤其注重通过非常规天然气等经济、绿色手段优先保障能源安全和支撑经济发展，并与此同时逐步规模化应用可靠核技术、太阳能技术以及风力发电技术。

9.2.2　美国高效绿色用能技术创新

美国在《关键和新兴技术清单》等顶层指引中，明确提出了将能源技术和先进用能技术，以及相关共性基础技术作为重点研究领域，并每年根据技术发展趋势进行滚动更新。相较于其他国家，共性基础技术重要性在美国战略中尤为突出。

▶**能源技术**：主要包括核能系统、核聚变、空间核动力等先进核能技术，以及可再生能源发电、可再生和可持续燃料等可再生能源及储存技术。

▶**先进用能技术**：主要包括清洁、可持续制造等先进制造技术，以及先进燃气轮机发动机技术。

▶**先进用能技术：**主要包括清洁、可持续制造等先进制造技术，以及先进燃气轮机发动机技术。

▶**共性基础技术：**主要包括先进计算、先进工程材料、先进网络传感、通信和网络、半导体和微电子等技术。

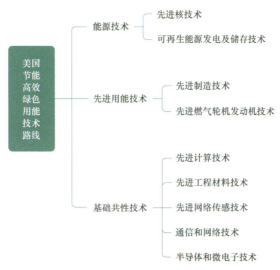

图 9-6　美国节能高效绿色用能技术路线

典型案例：

　　美国 LEED（Leadership in Energy and Environmental Design）由美国绿色建筑协会建立并推行的《绿色建筑评估体系》（Leadership in Energy & Environmental Design Building Rating System），是目前在世界各国的各类建筑环保评估、绿色建筑评估以及建筑可持续性评估标准中被认为是最完善、最有影响力以及商业化最为广泛的评估标准。LEED 认证作为权威的第三方评估和认证结果，对于提高开发商的知名度和建筑本身的声誉，节约建筑运维成本，倡导绿色低碳的生活方式都有着重要的意义。

图 9-7　美国 LEED 认证等级

9.2.3　美国节约高效绿色用能市场机制

美国在可再生能源电价、绿色金融等领域采取与日本较为相似的刺激机制。与此同时，美国依托自愿性标准，构建了较为成熟的节能产业生态。

美国自愿性标准体系方面，美国根据产业市场需求，推出了"能效之星"自愿性标准体系，对消费类电气、商业设备、电动车充电器等产品，以及建筑设定了能效规范，并制定了详细的测试程序和验证要求。

基于自愿性标准的市场产业扶持机制方面，美国将"能效之星"设备使用情况作为商业建筑能源资产评分的重要考量因素，同时政府还向家庭、商业建筑提供基于"能效之星"设备的节能改造方案，鼓励用户与节能服务公司共同提升终端能效，减少能源浪费。

其中，美国 Johnson Control 公司，依托"能效之星"自愿性标准体系，面向用户提供建筑节能服务，具体业务包括能效现场调查及审计，工程设计、施工、管理、运行和维修以及效果监测和认定，向用户广泛推广政府认定的节能绿色设备，并通过节能量保证和节能效益分享实现收益。

9.2.4　美国高效绿色用能宣传引导

美国高度重视对用户高效绿色用能的宣传引导，当前形成了"政府－环保组织－企业"多方协同的宣传体系。其中，对用户行为的助推引导作为优化用户用能行为的关键手段，当前走在世界前列。

▶**政府宣传**：美国环境保护署（EPA）和能源部（DOE）等机构会定期发布低碳环保的信息和指南，提供节能减排的建议和技巧。

▶**环保协会宣传**：美国环保协会等组织定期开展环保、节能宣传讲座，传播相关知识。

▶**企业开展用户行为引导**：充分运用行为心理学，通过能源信息披露、交互界面优化等手段，以最低成本调整优化用户用能行为，推动终端用能转型。

以美国 Opower 公司信息引导用户优化用能行为为例，美国公用事业单位聘请 Opower 公司制作"家庭能源报告"，报告包括邻居比较模块、个性化的能源使用反馈信息、行动步骤模块（提供节能技巧，例如，用电量多的推荐购买

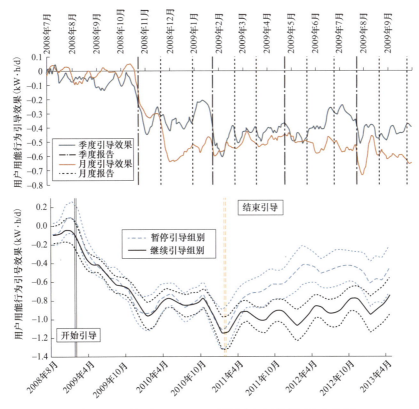

图 9-8　美国 Opower 引导用户用能效果示意图

节能空调），与此同时，报告每个月或每隔几周就会邮寄给家庭（现在有 620 万户家庭收到了美国 85 家公用事业公司的家庭能源报告）。

9.3 日　　本

日本能源消费及能效情况

▶**日本能源消费量大，对外依存度高**。日本作为世界第三大经济体，终端能源消费总量较高，2020 年为 3.7 亿 tce，远超欧洲发达国家，是同期德国的近 2 倍。同时，日本能源资源匮乏，对外依存度极高，2019 年能源自给率仅为12%，在国际能源署成员国中位列倒数第二。

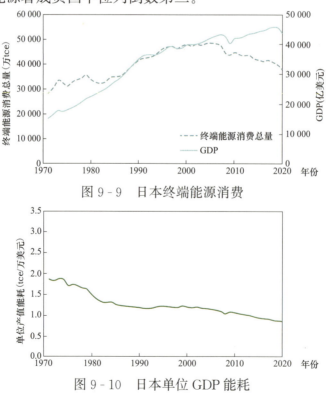

图 9-9　日本终端能源消费

图 9-10　日本单位 GDP 能耗

▶**日本能效水平位居世界前列**。为保障能源安全，促进经济稳定、可持续发展，日本相继出台一系列节能措施，推动全社会能效水平稳步提升。2020年，日本单位 GDP 能耗为 0.93tce/万美元，较 2010 年下降 26%，仅为世界平均水平的 38%、我国的 22%，在世界主要国家中排名第二。

日本节约高效绿色用能政策体系

日本自 1979 年以来，为保障能源安全，构建了以"**多层级法律法规＋管制类与激励类政策**"为主体的政策体系，以节约高效用能与绿色用能为主要抓手，推动实现能源自给与绿色转型的协同统筹。其中，日本能源顶层规划与基本法实现了紧密结合和高效协同。

▶**多层级法律法规**：主要包含《能源政策基本法》等基础法，《节约能源法》《促进新能源利用特别措施法》《资源有效利用促进法》等综合法，以及《促进新能源利用特别措施实施法令》《绿色采购法》等专门法三大类别。

▶**管制类/激励类政策**：在法律框架下，进一步形成了能效标杆制度、企业等级划分制度、领跑者制度等具备强制特征的管制类政策，以及财政支持、税收减免等多样化的激励型政策。

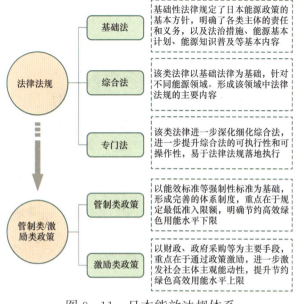

图 9-11　日本能效法规体系

相比我国，日本节约高效绿色用能政策体系在架构上较为相似，但呈现可操作性更强、优化频次更高、赏罚措施更鲜明、覆盖范围更广四大特征。

▶**可操作性更强：**当前《节能法》等核心法律对实施对象、职责、目标等均有明确规定，将节能减排任务通过法律规定具体化，提升实用性。

▶**优化频次更高：**日本《节能法》自颁布以来先后 22 次修订，包括扩大行业和义务人范围、增加强制性指标等内容，确保节能工作适应不断发展的新形势。

▶**赏罚措施更鲜明：**相关法律法规强制要求年耗能超过规定标准的企业提交年度用能报告，根据评价结果进行奖惩。

▶**覆盖范围更广：**以管制类制度来看，"标杆制度"分行业设定能效标杆指标和中长期标杆目标，已经从工业部门拓展到商业部门，覆盖了全部产业的70％以上；"企业等级划分制度"将企业划分为节能优良、普通、节能停滞、需注意四个等级，进行奖惩及督导。

典型案例：

日本空调约占居民家庭用电量的 30％，为加强能源节约、保障电力供需平衡，2022 年《节能法》修订时，特别明确"**空调等制造厂家有义务提供在电力供应不足时空调设备自动转为低耗电的功能。**"该修正法案于 2023 年 4 月生效。

日本节约高效绿色用能技术创新

日本高度重视科技在节约高效绿色用能中的引领作用，分别针对**节能技术**及**绿色技术**提出了整体发展框架。

▶**节能技术：**重点侧重供给侧和消费侧，《节能技术战略》作为顶层规划类文件，明确提出能源转换与供能、制造、交通运输、建筑、通用 5 大方面 14 项关键技术，形成了科学明确的技术研发路线图。

图 9 - 12　日本节能绿色用能技术路线

▶**绿色技术**：针对能源绿色低碳转型，日本结合"3E＋S"即确保安全前提下，提升能源安全、经济效率和环境效益的战略下，在供给侧着重研发化石能源的高效利用技术、安全可靠的核能技术，以及风电光伏等新能源技术。在消费侧则重点研发高效率电气化技术，氢能利用以及配套相关技术。

日本在技术创新的转换机制当前已相对较为成熟，现阶段在推动技术创新方面主要侧重**"顶层设计－投入支持－平台开发－人才培养"**四大重点方面。

01 顶层设计
- 通过《能源基本计划》《节能技术战略》等相关文件，详细制定节约高效绿色用能关键技术分阶段、分领域的发展路径。
- 根据地缘政治形势、国内经济发展、技术进步等因素，适时滚动更新，确保路线科学合理、时效性强。

02 投入支持
- 将绿色投资视为日本疫后重塑经济的重点，在海上风电、氢氨燃料、核能、碳循环等 14 个行业的技术创新及成果转化投入大量资金。
- 主要手段包括政府补贴、节能设备投资辅助金、低息融资等。

03 平台开发
- 日本积极搭建政府、企业、科研院所共同构成的共性技术开发平台，降低信息成本，提供必要创新、推广、应用服务。
- 同时，积极鼓励产业界、高校组成战略联盟，进一步降低技术创新的各类成本与外部风险。

> **04 人才培养**
>
> ■ 加大高学历、高技能型人才职业培训，以低碳技术创新为重要领域推动高学历人才及时就业。
>
> ■ 加大低碳产业领域的人才培养和转移力度，引导人才、失业人员向新兴低碳产业转移，降低低碳技术创新与应用的人才成本。

日本节约高效绿色用能市场机制

当前日本在节约高效绿色用能市场化方面，逐渐形成以可再生能源电价为代表的电价机制、绿色金融，以及节能产业三大市场工具，高效推动能源转型。

▶**可再生能源电价**：日本每三年修订"能源基本计划"时，均根据可再生能源发展情况，及时调整电价补贴水平。并通过放开电力零售市场、构建绿色电能交易平台等措施，进一步健全可再生能源电力信息网以及交易平台。

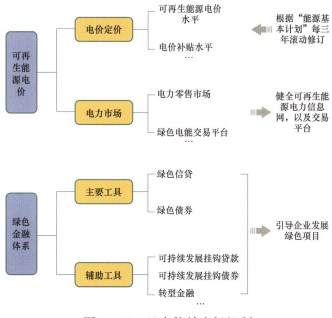

图 9-13　日本能效市场机制

▶**绿色金融**：日本政府构建了以绿色信贷、绿色债券为主要工具，涵盖可持续发展挂钩贷款、可持续发展挂钩债券、转型金融等辅助工具的绿色金融体系，并不断扩大绿色金融的投资规模，高效引导帮助企业发展可再生能源、电气化等绿色项目。

日本节约高效绿色用能市场机制

■**节能产业**：日本自 1996 年成立第一家节能服务公司以来，节能产业发展迅速，当前位居世界前列，其发展主要呈现以下特点。

▶**产业管理结构层次清晰**。日本构建了"政府部门－节能专业服务机构－节能指定工厂及服务商"的产业层次，各级之间功能定位明确，其中政府功能为"规范、引导、服务、支持"，对市场直接干预程度较低。

▶**业务方案体系化、个性化程度较高**。日本主要节能服务公司均针对政府、大用户以及居民用户，针对其具体需求和特点，形成了全链条、端到端的解决方案。

▶**智能化、数字化技术渗透率较高**。日本节能产业高度重视智能家居、V2G 等新型业务场景，高效依托智能电表、负荷及储能监控系统，实现终端用能的自动调节及优化。

典型案例：

日本东京电力公司设有技术开发研究所，对**智能家居、建筑节能、电动汽车**等开展研究。

如在智能家居方面，东京电力公司通过能量传感器装置，实现对家庭电器的非侵入式监测，并通过与索尼公司合作，运用物联网技术向居民用户提供"TEPCO 智能家居"服务，以实现照明、空调等多类家居电器的用能智能调节及优化。

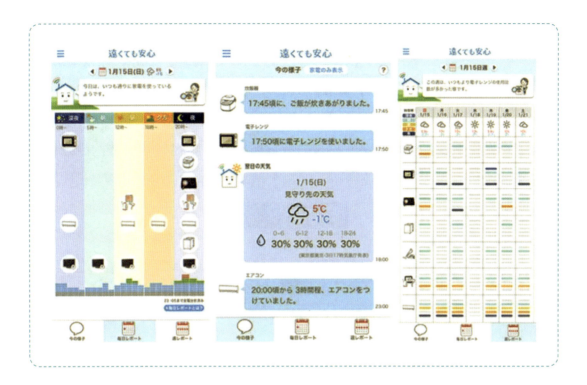

日本节约高效绿色用能宣传引导

日本自 20 世纪石油危机以来，高度重视节能宣传教育，政府、企业、社会团体等主体共同发力，不断提升全社会公众节能意识，引导形成节能高效绿色的生产生活方式。

▶**注重节能基础教育**：在中小学校开设资源节约课程，根据不同学习阶段差异化制定节能课程。

▶**不断丰富宣传形式**：通过网络、电视等传播媒介，以及电影、动漫、综艺等大众喜闻乐见的内容载体，形成多层次节能宣传体系。

▶**充分发挥政府在节能宣传中的引导作用**：政府规定每月第一天为政府节能日，对节能活动进行评估；每年 2 月举办节能月活动；此外政府高频组织开展研讨会、专项宣传、优秀案例展示等活动，不断提升用户节能意识。

典型案例 1：

　　日本文部科学省针对小学节能教育出台专项指导教材，从节能必要性、学校员工职责、具体教育方式及典型案例等方面出发，形成系统性强、可操作性高、学生能深度参与的教育体系，不断提升学生节约高效绿色用能意识。

典型案例 2：

　　日本 2005 年开始推广"清凉夏装"活动，日本首相及内阁率先垂范，将办公室的空调温度调高到 28℃，工作人员不打领带，改穿清凉服装，以达到节能的目的。

（本章撰写人：马捷、张玉琢　审核人：王成洁）

附　　录

附录 1　主要名词说明

▶**一次能源消费量**：指一定地域内（国家或地区）国民经济各行业和居民家庭在一定时期消费的各种能源总和，包括终端能源消费量、能源加工转换损失量和能源损失量。

▶**终端能源消费量**：指一定时期内用于消费（而非用于加工转换产出其他能源）的各种能源之和。

▶**能源加工转换损失量**：指一定时期内全国（地区）投入加工转换的各种能源数量之和与产出各种能源产品之和的差额。

▶**能源损失量**：指一定时期内能源在输送、分配、储存过程中发生的损失和由客观原因造成的各种损失。不包括各种气体能源放空、放散量。

▶**能效**：能源效率统称，本报告涉及的能效包括单位 GDP 能耗、能源加工转换效率、单位行业增加值能耗、单位产品综合能耗、火电供电煤耗、火电发电煤耗、单位产量能耗。

▶**单位 GDP 能耗**：即能源强度，是一定时期内一次能源消费量与国内生产总值的比率。

▶**能源加工转换效率**：指一定时期内能源经过加工转换后，产出的各种能源产品的数量与投入加工转换的各种能源数量的比率，如炼焦效率、炼油效率、发电及供热效率。

▶**单位行业增加值能耗**：是一定时期内某个行业的终端能源能源消费总量与该行业增加值的比率，如工业行业增加值能耗。

▶**单位产品综合能耗**：某产品的物理能耗，如吨钢综合能耗、水泥产品综合能耗、乙烯单位产品综合能耗。

▶**工业领域**：根据《中国能源统计年鉴》分类，工业领域包括采矿业，制造业，电力、热力、燃气及水生产和供应。鉴于能源消费特性，本报告选取了制造业中能源消费总量较大的行业，分别为黑色金属冶炼和压延加工业（本报告简称黑色金属工业），有色金属冶炼和压延加工业（本报告简称有色金属工业），非金属矿物制品业（本报告简称建筑材料工业），石油、煤炭及其他燃料加工业、化学原料和化学制品制造业（本报告简称石油和化学工业）。

▶**建筑领域**：本报告将建筑领域分为北方供暖建筑、城镇住宅（除北方供暖住宅）、农村住宅（除北方供暖住宅）和公共建筑。

▶**交通领域**：本报告将交通领域分为公路运输、铁路运输、水路运输、航空运输。

▶**农业领域**：本报告农业领域主要指农业生产。

▶**能源生产、转换、传输环节**：本报告能源生产、转换、传输环节主要指采矿业中的煤炭开采和洗选业、石油和天然气开采业，以及电力、热力、燃气及水生产和供应业中的电力生产和供应业。

附录2　终端用能领域能源消费统计调整

以《中国能源统计年鉴》基础数据为基准，对用能部门的基础数据进行调整。参考王庆一、国家发展改革委能源所、能源基金会等研究，对中国能源统计数据主要进行以下调整：

第一产业中，全部煤炭和热力划入建筑部门，99%汽油和10%柴油划入交通部门。

建筑业中，全部煤炭和热力划入建筑部门，98%汽油和30%柴油划入交通部门。

工业部门能源消费量中，3%原煤消费量划入建筑部门，80%汽油和26%柴油划入交通部门。

交通运输、仓储和邮政业中，全部煤炭、30%液化石油气、65%天然气和电力划入建筑部门。

第三产业（不包括交通运输、仓储和邮政业）中，98%汽油和30%柴油划入交通部门。

居民生活能源消费中，所有汽油和96%柴油划入交通部门。

平衡差额中，全部煤炭、其他煤气、液化石油气、热力划入建筑部门，全部汽油、柴油划入交通部门，其余能源划入工业部门。

附录 3 4E‐SD 能效模型框架

◇ **工业用能分品种预测**

主要考虑黑色金属、建筑材料、有色金属和石化化工等高耗能行业并细分产品，通过各细分产品的需求量乘以分能源品种单位产品能耗进而得出工业制造业的总体能耗。细分产品主要包括了钢铁、水泥、玻璃、铝、铜、炼油、合成氨、烧碱、纯碱、电石、乙烯等，不同产品与其他领域不同部门的终端用途相对应，并通过其他领域的工业产品需求量倒推工业制造业产品的需求量。同时，该模型考虑了各类细分产品的进出口量。

通过研究技术进步及渗透率、产业结构、工艺结构、产品结构等因素对分能源品种单位产品能耗的影响，测算各细分产品的分能源品种单位能耗，进而与高耗能产品的产量相结合，可获得工业领域的能耗水平。

◇ **建筑用能分品种预测**

建筑领域按照建筑类型主要分为了四类，即北方城镇供暖建筑、城镇住宅除供暖外建筑、公共建筑除集中供暖外建筑、农村住宅建筑，并细分到了各类建筑运行终端的能耗产品，通过对各类产品的分品种能耗研究可得建筑终端运行的热、气、煤、电、非商品能的消费量。

在建筑运行能耗测算中，北方城镇供暖能耗测算方法主要为区域供热系统的数据采集；城镇住宅及公共建筑的运行能耗测算方法主要依据《民用建筑能耗数据采集标准》和公共建筑能耗监测平台数据采集；农村住宅的能耗测算主要在严寒和寒冷地区、夏热冬冷地区、夏热冬暖地区、温和地区分别选取典型农村进行能耗数据采集，并根据农户数量进行统计测算。将建筑终端运行的能耗与各类建筑面积相结合，可测算出建筑运行总体能耗。

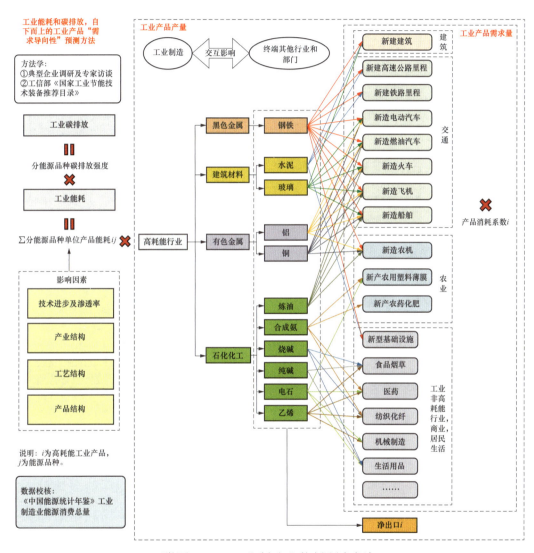

附图 3-1　工业制造业能耗研究框架

◇　交通用能分品种预测

交通运输工具主要分为了公路、铁路、水运、民航四类，公路、铁路和水运又分为了客运和货运两种，并依次细分至各终端用能设备，通过一定的方法

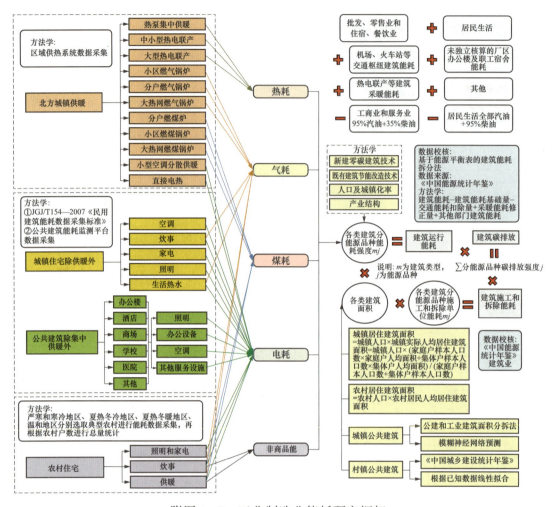

附图 3-2　工业制造业能耗研究框架

学计算各类终端用能设备的能耗水平。方法学包括典型企业能耗监测统计，主要来源为交通运输部、国家铁路局中国民用航空局、国家邮政局和中国国家铁路集团有限公司，以及国家和行业标准，包括《公路运输能源消耗统计及分析方法》《港口能源消耗统计及分析方法》《中国铁路总公司铁路能源消耗与节约统计规则》等。

通过测算各类交通运输工具的终端能耗及拥有量、里程和周转量等数据，最终可测算出交通领域各类交通运输工具的能源消耗，与各类交通能源工具分能源品种单位能耗相结合，可测算出交通领域的总体能耗。

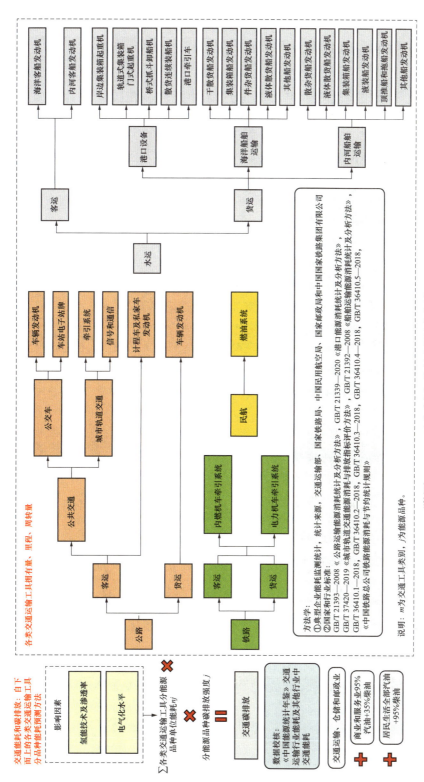

附图 3-3　工业制造业能耗研究框架

◇ **农业用能分品种预测**

由于农业领域相关能耗数据不易通过统计获取，在国家统计局发布的《能源统计报表制度》，农业能耗和碳排放给出了三种方法，即电力占比法、单位增加值能耗法和能源消费弹性系数法。通过这三种方法的测算，最终与《中国能源统计年鉴》农林牧渔业数据相校核。在计算过程中，将重点考虑农业领域终端电气化水平对能耗的影响。

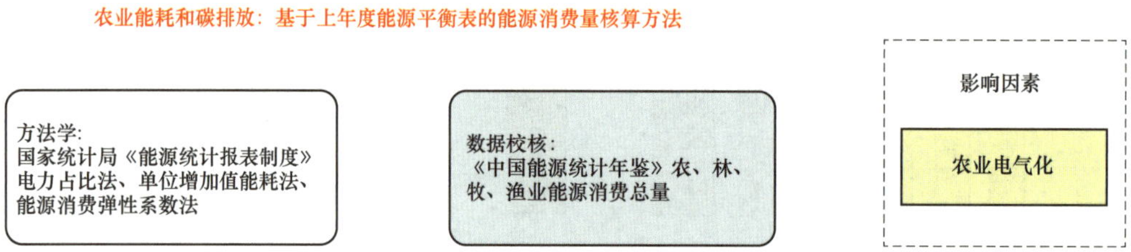

农业能耗和碳排放：基于上年度能源平衡表的能源消费量核算方法

方法学： 国家统计局《能源统计报表制度》 电力占比法、单位增加值能耗法、 能源消费弹性系数法	数据校核： 《中国能源统计年鉴》农、林、 牧、渔业能源消费总量	影响因素 农业电气化

附图 3-4 农业能耗研究框架

◇ **一次用能分品种预测**

在能源生产、转换、运输环节，主要考虑从一次能源开采到终端煤、油、气、电、热等供应的中间过程。在煤、油、气等化石能源的开采方面，考虑煤炭炼焦加工效率、煤炭发电/供热转换效率、煤炭制油/气加工效率、石油开采效率、炼油加工效率、输油效率、石油发电/供热转换效率、天然气开采效率、天然气输气效率、天然气发电/供热转换效率。在非化石能源利用方面，主要考虑水能、风能、太阳能、生物质能等清洁能源的发电转换效率，以及并网后的输电效率。最终，通过研究各环节的效率以及终端用能水平，可测算出一次能源消费总量。

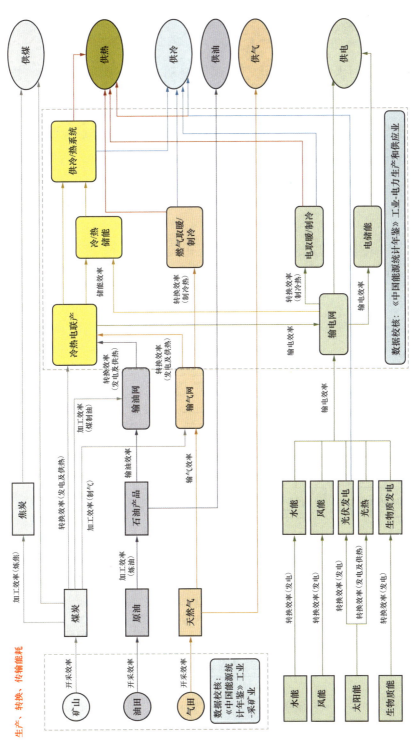

附图 3-5 生产、转换、运输环节能耗研究框架

169

◇ **因素量化及模拟仿真**

通过因素间的因果关系并量化，搭建系统动力学模拟仿真模型，输出相应结果。

政策完善度量化：凹函数单调递增区间（增函数，边际递减）。

政策与其他影响因素的量化关系：线性正相关。

影响因素与能源消费的量化关系：凹函数单调递减区间（减函数，边际递减）。

终端用能与碳排放的量化关系：线性正相关。

终端用能与一次用能的量化关系：凹函数单调递增区间（增函数，边际递减）。

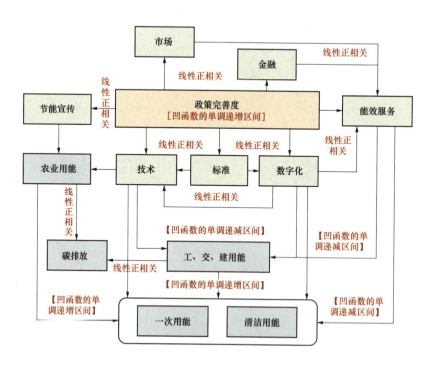

附图 3-6　全要素量化关系

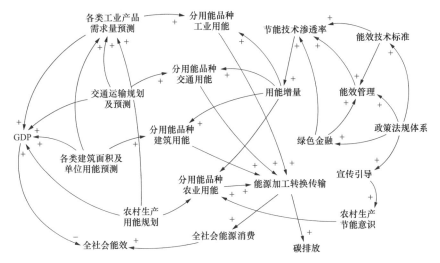

附图 3-7　系统动力学模拟仿真因果关系图

（撰写人：张玉琢　审核人：吴鹏）

参 考 文 献

[1] 中国电力企业联合会. 中国电力行业年度发展报告 2023 ［M］. 北京：中国建材工业出版社，2023.

[2] 清华大学建筑节能研究中心. 中国建筑节能年度发展研究报告 2023 ［M］. 北京：中国建筑工业出版社，2023.

[3] 谢高地. 论我国生态系统碳汇能力及其提升途径 ［J］. 环境保护，2023，51（3）：12-16.

[4] 辛保安. 新型电力系统与新型能源体系 ［M］. 北京：中国电力出版社，2023.

[5] 李祥勇，张威. 煤矿智能化最新技术进展与问题探讨 ［J］. 新疆有色金属，2023，46（6）：107-108.

[6] 中国石化石油化工科学研究院. 迈向 2060 碳中和石化行业低碳发展白皮书 ［R/OL］. file://C:/Users/think/Desktop/deloitte-cn-eri-reducing-carbon-emission-in-petrochemical-industry-white-paper-zh-220422.pdf.

[7] 林伯韬，郭建成. 人工智能在石油工业中的应用现状探讨 ［J］. 石油科学通报，2019，4（4）：11.

[8] 李延辉，周光辉，赵梦静. 国内外钢铁生产工艺结构研究 ［J］. 冶金经济与管理，2023（3）：24-27.

[9] 卢浩洁，王婉君，代敏. 中国铝生命周期能耗与碳排放的情景分析及减排对策 ［J］. 中国环境科学，2021，41（1）：451-462.

[10] 薛道荣，施得权，张晶. 太阳能户用供暖技术在乡村振兴中的应用及效果分析 ［J］. 中国建筑金属结构，2023，22（6）：74-76.

[11] 国家电网有限公司市场营销部（农电工作部）. 乡村电气化实践 ［M］. 北京：中国电力出版社，2020.

[12] 刘海燕，程伟佳，牛小化，等. 基于物联网技术的北方民用建筑供暖数据获取方法

[J]. 区域供热，2022（2）：108-116.

[13] 中国交通低碳转型发展战略与路径研究课题组. 中国交通低碳转型发展战略与路径研究［M］. 北京：人民交通出版社，2021.

[14] 贾利民，程鹏，张蜇，等.“双碳”目标下轨道交通与能源融合发展路径和策略研究［J］. 中国工程科学，2022，24（3）.

[15] 国海证券. 绿色智能大势已至，驶向电化百亿蓝海［EB/OL］. https：//pdf. df-cfw. com/pdf/H3_AP202305271587316876_1. pdf？1685269593000. pdf.

[16] IEA. Energ y Eff iciency 2022［EB/OL］. https：//iea. blob. core. windows. net/as-sets/7741739e-8e7f-4afa-a77f-49dadd51cb52/EnergyEfficiency2022. pdf.

[17] 中华人民共和国工业和信息化部. 国家工业和信息化领域节能技术装备推荐目录（2022年版）［EB/OL］. https：//www. gov. cn/xinwen/2022-12/02/5729981/files/f30c92e69fb94e1993a456cb36f9ef8f. pdf.

[18] 中国建设银行股份有限公司，等. 中国绿色资本市场绿皮书（2022年度）［R/OL］. https：//www. ifs. net. cn/storage/uploads/file/2023/04/11/%E4%B8%AD%E5%9B%BD%E7%BB%BF%E8%89%B2%E8%B5%84%E6%9C%AC%E5%B8%82E5%9C%BA%E7%BB%BF%E7%9A%AE%E4%B9%A64. 32compress. pdf.

[19] 国网能源研究院有限公司. 全球能源分析与展望2022［M］. 北京：中国电力出版社，2023.

[20] 国网能源研究院有限公司.2021中国节能节电分析报告［M］. 北京：中国电力出版社，2021.

[21] 中国能源统计年鉴委员会. 中国能源统计年鉴［M］. 北京：中国统计出版社，2023.

致　　谢

《中国能效分析与展望报告 2023》在编写过程中，得到了国家电网有限公司、国家发展和改革委员会能源研究所、中国电力企业联合会、中国钢铁工业协会、中国有色金属工业协会、中国石油和化工联合会、中国建筑材料联合会、中国建筑科学研究院有限公司及一些业内知名专家的大力支持，在此表示衷心感谢！

诚挚感谢以下专家对本报告的框架结构、内容观点提出宝贵建议，对部分基础数据审核把关（按姓氏笔画排序）：

王永利　王馨艺　王　鑫　尹玉霞　卢　笛　伊文婧　张海颖　徐杰彦　嵇　灵